빛의 양자컴퓨터

Originally published in Japan by Shueisha International, Inc.

Korean edition is published by arrangement with Shueisha International, Inc. through BC Agency.

광양자컴퓨터의 원리와 이론 그리고 실현을 향한 여정

빛의 양자컴퓨터

후루사와 아키라古澤明 지음
채은미 옮김

동아시아

일러두기

본문의 각주는 옮긴이가 쓴 것이다.

시작하며

양자역학에서 가장 어려운 부분은 인간의 직감과 어긋난다는 점이다. 우리의 상식과 반대되는 규칙에 의해 모든 일이 일어나고 있다고 바꿔서 생각하길 바란다. 아니, 오히려 인간의 직감을 바꿔야 한다고 말해도 될 것이다.

양자역학이 정체를 알 수 없는 학문이라 여겨진 것은 20세기 중반까지의 이야기이다. 21세기인 현재, 나노 테크놀로지 등 양자역학을 이용하는 과학기술은 급속한 발전을 이루었다. 그로 인해, 20세기에는 단순히 '사고실험'에 지나지 않았던 일들이 실험을 통해 입증되는 케이스가 늘어났고, 그로 인해 오히려 양자역학의 이점을 적극적으로 이용해가자는 움직임이 활발해졌다.

내가 도쿄대학교 공학부 물리공학과에서 수학하던 1980년대에도 이미 양자역학은 필수과목의 하나였고, 이러한 동향이 침투하는 분위기였다. 즉, 21세기를 살아가는 우리들은 나를 비롯하여 모두 '양자네이티브'라고 할 수 있다. 양자의 성질을 이용하는 데에 있어서 별다른 해석이나 이유는 필요하지 않다. 양자역학은 이미 과학의 근간을 형성하는 학문 분야이며, 일종의 도구가 되었다. 양자역학을 기술하는 파동함수는 자연을 가장 정확하게 표현하는 언어의 하나라고 할 수 있을 것이다.

이러한 양자역학의 이점을 최대한으로 살려나가자는 움직임의 정점은 '양자컴퓨터'이다. 지금 이 페이지를 읽고 있는 여러분도, '최근 자주 듣는 양자컴퓨터가 도대체 뭐지?'라는 가벼운 기분으로 이 책에 손을 뻗은 것이 아닐까. 따라서 부탁한다. 양자라는 단어에 부담감을 갖지 않길 바란다. 자세한 이론은 뒤로하고, '그냥 이런 거다'라고 받아들이는 자세를 가지는 것부터 시작하자.

현재, 전례 없는 양자컴퓨터 붐이다. 겨우 수년 전만 해도, 실용화되기까지 앞으로 몇십 년이 걸릴지 모른다고 여겨지던 양자컴퓨터이지만, 지금은 유럽, 미국, 중국, 일본 등 세계 각국이 거액의 예산을 들여서 연구 개발을 가속하고 있다. 또한, 국내외 가릴 것 없이 양자컴퓨터에 관한 심포지엄이 연일 개최되고 있고 어디든 사람이 넘쳐난다. 세계가 '양자컴퓨터 개발 버블'에 열광하고 있다고 해도 좋다.

그 계기가 된 것은, 2011년에 캐나다의 벤처기업 D-웨이브 시스템D-Wave Systems이 "세계에서 처음으로 양자컴퓨터의 개발에 성공했다"라고 대대적으로 발표한 일이다. 처음에는 의심스럽다는 소문이 돌았지만, 미국의 군수산업을 지탱하는 록히드 마틴이 D-웨이브 시스템의 양자컴퓨터 1대를 약 15억 엔에 구입한 것에 이어, 2013년에 미국 항공우주국NASA과 구글도 공동 구입한 사실을 발표했다. 이로 인해 양자컴퓨터는 단번에 주목을 끌게 되었다. 나사와 구글은 이 양자컴퓨터를 이용해서 인공지능AI을 연구하는 '양자인공지능연구소QuAIL'를 설립했다.

하지만 이 양자컴퓨터는, 실은 '양자 어닐링 머신quantum annealing machine'*이라 불리는 것으로, 예전부터 연구 개발이 진행되고 있던 범용형 양자컴퓨터와는 전혀 다른 동작 원리로 작동한다. 자세한 것은 제2장에서 설명하겠지만, 양자 어닐링 머신이란 어떤 특정 문제, 소위 '조합 최적화 문제'의 계산처리에 특화된 전용 머신이다. 그렇기 때문에, 이것을 양자컴퓨터라 불러도 되는가 아닌가에 대해서는 아직까지 의논의 여지가 남아 있다.

한편, 이것을 계기로 IBM이나 구글, 인텔, 마이크로소프트, 여러 벤처기업 등이 다들 '본래의' 범용형 양자컴퓨터의

---

* 양자 어닐링이란 양자요동을 이용하여 대상의 최솟값을 주어진 많은 선택지들 중에서 찾아가는 방법이다.

개발에 본격적으로 들어가기 시작했다. 간간히 연구 성과가 발표되고 연구 개발이 순조롭게 진행되고 있는 것 같은 분위기를 풍기고 있지만 과제는 산처럼 남아 있어서, 과연 정말로 실용화되는 날은 오는 것인지 그 실현성에 관해서는 아직도 미지수이다.

이러한 와중에, 내가 1996년부터 연구 개발을 진행해온 것이 '빛'을 이용한 양자텔레포테이션과 그를 이용한 범용형 양자컴퓨터이다.

현재 여러 가지 방법으로 양자컴퓨터의 실현이 테스트되고 있지만, 내가 독자적으로 연구 개발을 진행해온 빛을 이용한 양자컴퓨터가 지금에 있어서는 가장 실용화에 가까운 단계에 있다고 확신하고 있다.

빛을 이용하는 양자컴퓨터를 고집하는 이유는, '상온의 환경에서 안정적으로 동작할 것', '전자를 이용한 양자컴퓨터와 비교해서 클락clock 주파수(1초당 처리 횟수. 단위는 Hz)를 10배 이상 높일 수 있기 때문에 고속 계산 처리가 가능한 점' 등, 아주 많은 이점이 있기 때문이다. 더불어, 다른 양자컴퓨터가 유럽이나 미국 중심으로 연구 개발이 진행되고 있는 것에 비해, 이 방식은 일본에서 시작된 고유의 방식이다.

이 책에서는 양자컴퓨터의 역사나 구조, 현재의 상황을

해설하면서, 내가 독자적으로 연구 개발을 진행하고 있는 빛을 이용한 양자컴퓨터에 대해서 개발 비화를 섞어가며 되도록 쉽게 소개해나가겠다.

먼저 제1장과 제2장에서는 주로 양자컴퓨터의 개발사를 설명한다. 단, 내가 실제로 그 시대를 살면서 보고 들은 것은 아니기 때문에 여기서의 기술은 어디까지나 하나의 의견이라는 것에 주의하기 바란다. 동시에, 역사적인 공적은 개인의 성과인 것처럼 전해지는 것이 일반적이지만, 학문이란 결코 한 명의 천재가 만들어가는 것이 아닌 많은 사람들의 의논 가운데에서 만들어진다는 점을 짚고 넘어가고 싶다. 또한, 양자역학이나 양자컴퓨터의 역사에 대해 정통한 사람은 제1장과 제2장은 건너뛰어도 무방하다.

이 책의 목적은 세계 최초의 양자텔레포테이션이나 다자간 양자얽힘의 제어 등, '빛'을 이용한 여러 실험을 성공시켜 온 우리들의 연구에 대해서, 그리고 그것들이 차곡차곡 쌓여 가능하게 된 양자컴퓨터에의 도전을, 독자가 현장감 넘치게 맛봤으면 하는 것이다. 빛을 이용한 양자컴퓨터가 양자컴퓨터 개발의 세계에서 큰 패러다임 변화를 일으킬 날은 이제 얼마 남지 않았다. 독자 여러분들이 역사가 전환되는 모습을 눈으로 보는 기쁨을 느낄 수 있다면 좋겠다.

차례

제1장

양자의 불가사의한 현상

발열을 0으로 만들기

1980년대부터 양자역학의 불가사의한 현상을 이용하여 계산 처리를 수행하는 '양자컴퓨터'와 그 실현 가능성에 대한 논의가 있었다. 하지만 별안간 주목을 받기 시작한 것은, 1985년에 미국의 물리학자 리처드 P. 파인먼이 양자컴퓨터를 실현하는 일의 의의를 설명했기 때문이다. 파인먼은 1965년에 줄리언 S. 슈윙거, 도모나가 신이치로와 함께 「양자전기역학 분야의 기초연구」로 노벨 물리학상을 수상한 천재 물리학자이다. 재미있는 일화가 많아서 알베르트 아인슈타인과 더불어 전 세계에 많은 팬을 가진 것으로도 알려져 있다.

나는 파인먼이 예전에 교수로 근무한 캘리포니아공과대학교Caltech, California Institute of Technology(캘테크)에서 1996년부터 1998년까지 사회인 유학을 했다. 캘테크에서는 파인먼을 '물리학자의 신'으로 여기며, 학내 여러 곳에 파인먼에 관한 영상이 흐르고 있던 것이 아직도 기억에 선명하다.

그런 파인먼이 1988년에 생을 마감하기 수년 전에, 캘테크에서 가르친 컴퓨터과학computer science에 관한 강의를 모은 저서 『파인먼 컴퓨팅 강의Feynman Lectures on Computation』*는, 1996년부터 양자컴퓨터의 연구 개발에 종사해온 나에게 있어서 그야말로 바이블이다. 이 책에서 파인먼은 양자컴퓨터를 실현해야 하는 의의를 설명하고 있는데, 이것이야말로 내가 양자컴퓨터의 연구 개발을 계속해온 가장 큰 이유이기도 하다.

그것은 지금까지의 컴퓨터(이후 '고전컴퓨터'라고 하겠다)와는 달리, 양자컴퓨터라면 계산 처리로 인해 배출되는 열에너지를 이론상 영zero으로 만들 수 있다는 것이다.

고전컴퓨터는 전자회로를 사용하여 계산 처리를 실행하거나 메모리에 기록한다. 그리고 그럴 때마다 사용되는 전기에너지가 열에너지로 전환되어 배출되고 있다. 따라서 계산 처리가 고속화되면 될수록 대량의 열이 발생한다.

전자회로나 배선은 고온에서 동작하기 어려워지고, 고열에 의해서 코어라 불리는 회로블록 등이 녹아버릴 수도 있다. 그렇기 때문에, 코어를 냉각하는 데 방대한 양의 전기가 사용되는 우스운 상황이 생긴다. 특히 슈퍼컴퓨터는 발열과의 싸움이다. 기존의 슈퍼컴퓨터를 정상적으로 가동시키기 위해서는 원자력발전소 하나가 생산하는 것보다 많은 양의

---

* 국내에서는 『파인만의 엉뚱 발랄한 컴퓨터 강의』(한빛미디어, 2006년)로 번역·출판되었다.

전력이 필요하고, 그 전력의 대부분이 본래의 목적인 계산 처리가 아닌 냉각에 사용되고 있다. 앞으로 슈퍼컴퓨터의 성능이 좋아지면 좋아질수록 소비전력은 가속적으로 늘어날 것으로 예상되어 심각한 사회적 과제가 될 것이다.

일반적으로 양자컴퓨터라고 하면 고전컴퓨터에 비해서 계산 처리 속도가 비약적으로 빨라진다는 점이 가장 기대되고 있으나, 본질은 그 점이 아니라고 나는 생각한다. 사실 그것보다 중요한 것은 매우 작은 에너지로 계산 처리를 할 수 있다는 점이다. 열에너지의 배출량을 이론상 영으로 만들 수 있는 양자컴퓨터가 실현된다면 인류에게 있어서 그 이상 좋은 것은 없을 것이다.

'양자중첩'과 '입자와 파동의 이중성'

양자컴퓨터의 원리를 이해하기 위해서는, 먼저 '양자'란 무엇인가를 알아두어야 한다.

양자란 간단하게 말하면, 원자나 분자, 전자, 광자 등의 아주 작은 물질이나 에너지의 단위이다.

이 세계의 물질을 끝까지 잘게 분해하면 분자에서 원자, 원자에서 양성자나 중성자, 그리고 전자, 광자 등의 소립자에 도달한다. 이러한 아주 작은 세계에서는, 에너지가 연속적인 값이 아닌 이산적인(띄엄띄엄 떨어진) 불연속 값을 취한다. 이것을 '양자화'라고 한다. 그리고 이러한 양자 특유의 물리현상을 기술하는 것이 양자역학이다.

양자컴퓨터를 실현할 때 빼놓을 수 없는 '양자중첩'과 '양자얽힘entanglement'에 대해 설명해보자. 이들은 양자 특유의 아주 불가사의한 현상으로, 양자역학이 일반적으로 경원시되는 요인이기도 하다. 하지만 걱정할 필요는 없다. '원래 이런 것이다' 하고 그대로 받아들이고, 일단 단어에 익숙해지는 것부터 시작하자.

양자중첩이란 한마디로, 하나의 양자가 여러 상태를 동시에 취하는, 즉 중첩된 현상을 가리킨다.

이 설명을 들은 것만으로는 '무슨 말을 하는지 전혀 모르겠다'라고 말하는 사람이 대부분일 것이다. 그래서 내가 먼저 소개하고 싶은 것이, 오스트리아 빈 출신의 물리학자 에르빈 슈뢰딩거이다. '슈뢰딩거의 고양이'나 '슈뢰딩거 방정식'에서의 그 슈뢰딩거이다.

슈뢰딩거 방정식이란 양자, 예를 들어 '전자'의 운동을

중첩 상태의 이미지

일반 디지털 처리의 경우

일반 디지털 처리에서는 '0' 혹은 '1' 한쪽의 값으로 표현되어 계산 처리된다.

중첩 상태의 경우

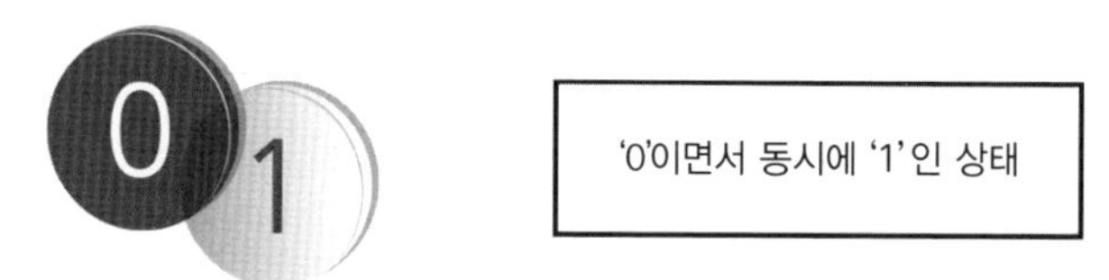

그에 반해, 양자컴퓨터에서 양자비트로서 사용되는 양자는, 관측하기 전까지 '0'과 '1' 어느 쪽의 상태로도 존재한다. 이를 '중첩 상태'라고 한다.

파동 묶음의 수축

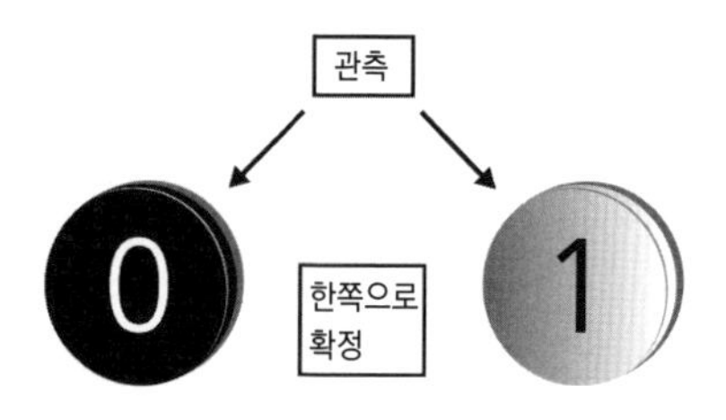

단, 관측에 의해 '파동 묶음의 수축'이 일어나 양자의 상태가 한쪽으로 정해진다.

『Newton별책 양자론 증보 제4판』(뉴턴프레스 2017년)을 참고하여 작성 파동방정식으로 표현한 것이다. 전자가 가지고 있는 파동으로서의 성질을 '파동함수'로 표현하여, 전자의 운동을 파동함수에 대한 미분방정식의 형태로 나타낸 것이다. 간단히 말하면, 진동이나 소리, 전자기파, 빛 등의 모든 파동을 설명하는 방정식에 드브로이파(물질파)의 방정식을 끼워 넣은 것으로 양자의 상태를 나타낸다. 드브로이파란 1924년에 프랑스의 물리학자 루이 드브로이가 제창한, 양자의 입자성과 파동성을 연결하는 개념이다. 전자뿐만 아니라 모든 입자에는 파동으로서의 성질이 있다는 의미를 가지고 있다.

실제로 양자의 세계에서는 광자나 전자뿐만 아니라 원자 등에서도 '입자성과 파동성의 이중성'이 나타난다는 것이 지금은 알려져 있다. 이 개념은 양자컴퓨터를 이해하는 데 있어서 아주 중요하기 때문에, 당장 이해할 수 없더라도 기억해두길 바란다.

그렇지만 이들은 실제로 완벽한 입자로서 존재하지도, 완벽한 파동으로서 존재하지도 않는다. 조금 어렵게 말하자면, 수학적으로 양자의 입자성은 위치의 '델타함수'로 표현한다. 델타함수는 양자를 공간상의 한 점에 존재하는 입자로서 수식으로 다루기 위해, 영국의 물리학자 폴 디랙이 발명한 함수이다. 이와 같이 델타함수로 표현된 입자의 위치는 나중에 소개할 '푸리에 변환'을 통하여 모든 주파수의 파동의 합으로 나타낼 수 있다(25쪽 그림 참조).

하지만 델타함수는 가상적인 것으로, 위치를 정확하게 결정하는 것 자체가 실은 불가능하다. 왜냐하면 정확하게 위치를 정하기 위해서는 무한의 시간이나 무한의 에너지를 필요로 하기 때문이다. 우리가 사는 현실에서 위치는 측정에 의해 결정되며 그 정확도는 측정에 들인 에너지와 시간에 따라 결정되기 때문에, 입자의 위치가 완벽한 델타함수는 아닌 것이다.

또한, 앞에서 말했듯이 파동은 푸리에 변환이라는 수학적 방법에 의해 입자와 연결되어 있다. 하지만 이것도 엄밀한 답을 얻기 위해서는 무한의 시간이나 무한의 에너지를 필요로 하기 때문에, 파동을 하나의 주파수로 결정짓는 것은 불가능하다. 고전역학에서는 무한의 시간이나 무한의 에너지를 가정하여 파동을 다루고 있지만, 현실 세계에서는 유한의 시간이나 유한의 에너지의 범위에서 답을 구해야 한다. 그렇기 때문에 정확히 답을 구할 수도 없을뿐더러, 어차피 현실적으로 일어날 수 없는 이상적인 경우를 추구해도 의미가 없다.

델타함수

양자의 위치와 존재 확률을 그래프로 표현하면

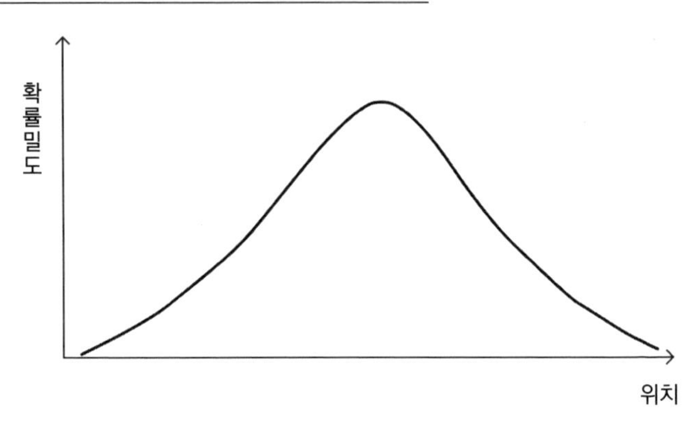

어떤 공간에 대해, 양자가 존재하는 위치와 확률의 관계는 위 그림과 같이 어느 정도의 너비를 가진 분포이다.

양자의 위치와 존재 확률을 델타함수로 표현하면

델타함수에서는 양자가 공간상의 한 점에 존재하는 입자로서 취급되기 때문에, 그 존재 확률은 어느 위치 한 곳에 대해서 1이고, 그 이외의 위치에서는 0이 된다.

서로 대립하는 이론

드브로이파가 영국의 물리학자 조지 패짓 톰슨과 미국의 물리학자 클린턴 데이비슨의 실험에 의해 확인된 것은 1927년의 일인데, 슈뢰딩거 방정식은 이 실험 결과를 멋지게 설명했다.

하지만 그동안 양자역학 분야에서는 또 하나의 큰 흐름이 생기고 있었다. 다음으로 소개하고 싶은 사람은 덴마크의 물리학자 닐스 보어와 독일의 물리학자 베르너 하이젠베르크이다.

하이젠베르크는 1924년에 덴마크의 코펜하겐에 있는 닐스 보어 연구소에서 반년간 유학하며, 1925년 전자의 양자적 행동을 나타낸 '하이젠베르크의 운동방정식'을 정리했다. 이 운동방정식은 수학의 행렬을 사용해 구성되어 있어서 '행렬역학'이라고 이름 붙었다.

하지만 다음 해인 1926년에 슈뢰딩거가 슈뢰딩거 방정식을 발표하면서, 파동역학과 행렬역학 사이에서 격렬한 논쟁이 시작되었다.

슈뢰딩거는 "전자는 실제 공간에 구름처럼 퍼져 있고, 그

전부가 하나의 실체를 이루고 있는 파동이다"라고 해석했다. 한편, 하이젠베르크는 "파동이 실제 공간에 퍼져 있는 것이 아니라, 어떤 에너지 덩어리가 어느 범위 안의 공간에 확률에 따라 무작위로 나타나는 것으로, 그것이 전자이다"라고 생각했다. 파동이 공간의 퍼짐이 아닌 '존재 확률', 즉 어떤 장소에서 전자가 발견될 확률의 크기를 나타내고 있다고 주장한 것이다.

슈뢰딩거에게는 아인슈타인이나 플랑크가, 하이젠베르크에게는 보어 등이 편을 들었다. 하이젠베르크의 진영은 닐스 보어 연구소를 중심으로 활동했기 때문에 '코펜하겐 학파'라고 불렸다.

앞에서 서술한 바와 같이, 양자에는 입자성과 파동성의 이중성이 있다. 그럼에도 불구하고 양자를 관측하면 중첩된 상태가 아닌, 꼭 한쪽으로 정해진 상태밖에 관측되지 않는다.

"이 사실을 설명하기 위해서는 존재 확률이라는 개념을 도입해야 한다"라고 하는 것이 코펜하겐 학파의 주장이었다. 실제로, 슈뢰딩거 방정식으로 기술되는 파동의 높이의 제곱을 존재 확률이라고 하면 모순이 없다는 것이 훗날 실험으로 확인되었다.

푸리에 변환

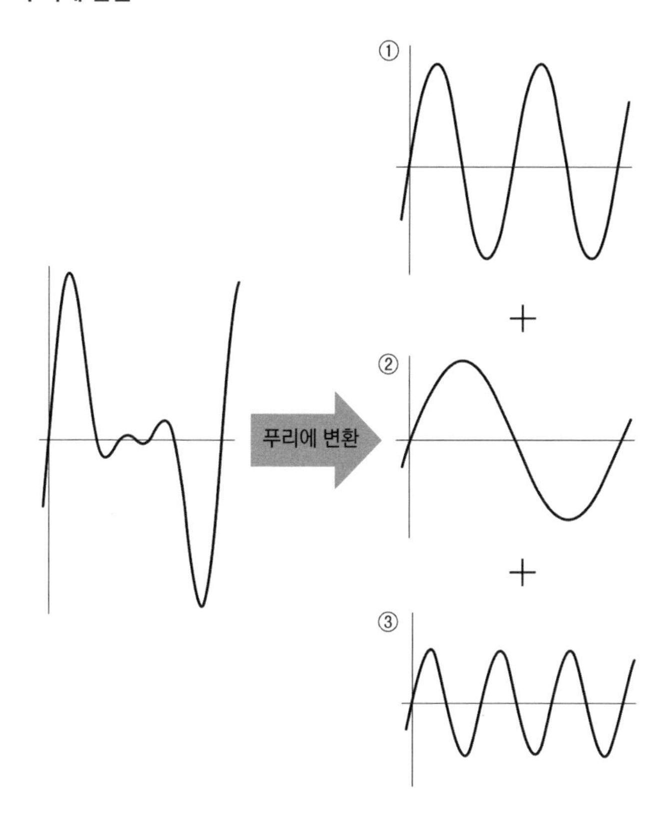

왼쪽 그림과 같은 형태의 파동이 있다고 하자.

이 파동은 복잡한 형태이지만, 오른쪽 그림과 같이 각각 고유의 주파수와 진폭을 가진 여러 개의 파동의 간섭(①+②+③)에 의해 형성된다고 생각할 수 있다.

한 파동이 어떠한 파동들의 합으로 이루어져 있는지를 도출하는 과정을 푸리에 변환이라고 한다.

『만화로 배우는 푸리에 해석』(시부야 미치오 저, 만화 제작: 트렌드 프로, 시나리오: re_akino, 작화: 하루세 히로키, 오무샤 2006년)을 참고로 작성

코펜하겐 학파의 해석에 따르면, 양자가 파동성을 나타낼 때는 하나의 양자가 여러 상태에 각각의 존재 확률을 가지고 동시에 중첩되어 있다고 생각한 것이다. 이것이 바로 중첩 상태이다.

또한, 복수의 존재 확률에 의해 분열한 것 같은 상태이던 양자는, 관측(측정)에 의해 신기하게도 하나의 상태로 수렴하여 입자성을 나타낸다. 이것을 '파동 묶음의 수축'이라고 한다. 이 해석은 나중에 양자컴퓨터를 이해하는 데 아주 중요하므로 잘 기억해두길 바란다.

슈뢰딩거는 다음과 같은 사고실험을 예로 들며 코펜하겐 학파에 반론했다. 이것이 유명한 '슈뢰딩거의 고양이'이다.

먼저, 고양이를 뚜껑이 있는 상자 속에 가둬놓는다. 그리고 방사선검출장치가 작동하면 독가스가 발생하는 장치와 방사성물질을 이 상자에 넣는다. 이 방사성물질은 정해진 시간 내에 한 번, 50퍼센트의 확률로 붕괴하여 방사선을 방출한다. 방사선이 나오면 스위치가 들어가 독가스가 나오기 때문에 고양이는 죽는다. 방사선이 나오지 않는다면 독가스는 방출되지 않기 때문에 고양이는 산다. 상자를 열 때까지, 고양이가 살아 있는지 죽어 있는지 확인하는 것은 불가능하다. 그러므로 정해진 시간이 지난 후, 이 고양이는 50퍼센트는

슈뢰딩거의 고양이

가장 유명한 고전적 사고실험의 하나로 사람들에게 널리 알려져 있다. 상자 안에는, ①정해진 시간 내에 한 번, 50퍼센트의 확률로 원자핵이 붕괴하는 방사성물질, ②독가스가 들어 있는 용기, ③그 용기를 깨는 장치, ④방사선을 검출하면 그 장치를 작동시키는 방사능검출기가 있다. 양자역학의 '중첩 상태'가 사실이라면, 이 상자 안에 고양이를 넣으면 '정해진 시간'이 지난 후에 고양이는 '50퍼센트는 살아 있다'와 '50퍼센트는 죽어 있다'의 중첩 상태로 존재한다는 것일까?

살아 있고 50퍼센트는 죽어 있는 중첩 상태라고 할 수 있다. 하지만 실제로 우리가 느끼는 거시적 세계에서는 '살아 있으면서 죽어 있는' 상태는 있을 리가 없기에, 고양이의 생사는 상자를 열기 전에 이미 정해져 있어야 한다.

방사성물질을 구성하는 원자의 원자핵은 양자이기 때문에, 양자역학에 따라 50퍼센트·50퍼센트의 확률로 '원자핵이 붕괴한 상태(방사선을 방출한다)'와 '원자핵이 붕괴하지 않은 상태(방사선을 방출하지 않는다)'의 중첩 상태에 있다고 생각할 수 있다. 그에 반해, 고양이와 같이 고전역학을 따르는 거시적인 물체에는 이와 같은 중첩 상태의 논의가 해당될 리가 없지 않은가. 슈뢰딩거의 고양이가 던지는 질문의 본질은, 이러한 상황을 고려했을 경우 '방사성물질은 양자역학을 따르고 고양이는 고전역학을 따르기 때문에 어디선가 모순이 생기는 것이 아닌가', '양자의 세계와 고전역학의 세계는 연결되는가 되지 않는가'이다.

슈뢰딩거는 코펜하겐 학파에게 "이러한 일이 과연 가능한 것인가"라고 의문을 제기했으나, 양자의 세계에서는 2개의 양립하지 않는 상태가 중첩되는 현상이 실제로 일어나고 있다.

공간을 뛰어넘는 상관관계

그러면 다음으로 양자얽힘entanglement에 대해서 설명하자.

양자얽힘이란 중첩 상태에 있는 양자가 2개 이상인 특수한 상태로, 그중 하나의 양자 상태를 관측(측정)하면 다른 양자에게도 '순식간에' 영향을 미치는 신기한 상태를 말한다. 양자역학 없이는 설명할 수 없는 특수한 상관관계를 가진 여러 개의 양자의 상태이다. 양자얽힘 상태에 있는 양자끼리는, 예를 들어 서로가 '아주 멀리 떨어져 있더라도' 어떠한 형태로든 강한 상관관계를 가지고 있으며, 한쪽이 외부에서 받은 영향을 다른 한쪽도 동시에 받는 것이다.

확실히 이 현상도 우리가 살고 있는 거시적 세계에서는 전혀 이해할 수 없는 이야기이다. 이것을 주장한 것도 코펜하겐 학파이며, 실제로 여기서도 아인슈타인 그룹과 코펜하겐 학파는 격렬히 대립했다.

코펜하겐 학파의 해석에 따르면, 양자는 관측되기 전까지는 모든 상태의 중첩 상태이지 하나의 상태로 존재하지 않는다. 예를 들어, 원자나 전자는 스핀이라는 성질을 가지고 있다. 스핀이란 자전을 가리키며, 관측되기까지는 시계 방향과 반시계 방향의 두 가지가 중첩된 상태로 존재한다고 여겨진다. 여기서, 중첩 상태의 원자 2개가 더 나아가 양자얽힘 상태라고 가정하자. 이때 한쪽 원자의 스핀을 관측하면 파동묶음의 수축이 일어나 각각 50퍼센트의 확률로 시계 방향이나 반시계 방향의 상태로 확정되어버린다. 그러면 다른 한쪽의 원자가 아주 멀리 떨어져 있더라도 그 스핀은 순식간에 반대 방향 상태로 정해진다.

20세기 초반에 탄생한 양자역학은 당시에는 사고실험에 지나지 않아 학문적인 성격이 짙었다. 하지만 1980년 즈음에는 양자역학과 정보과학이 연결되어 새로이 '양자정보과학'이라는 분야가 출현했고, 그에 의해 실용적인 응용 예가 제안되기 시작했다. 그리고 그 선두에 있는 것이 이 책의 주제인 양자컴퓨터이다.

양자얽힘

양자얽힘의 생성

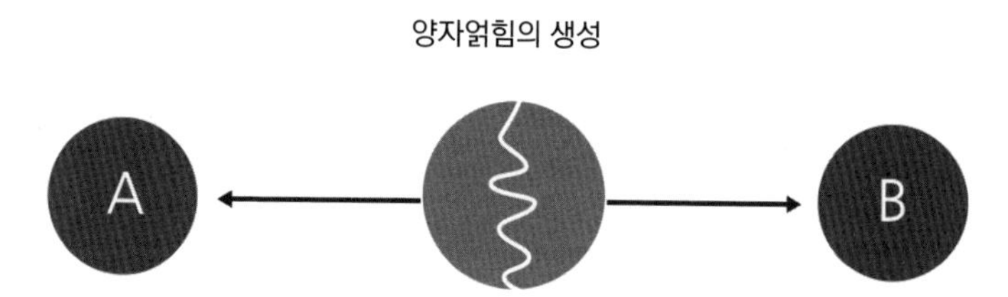

'A가 0, B가 1'과 'A가 1, B가 0'의 중첩 상태

초전도에서 흐르는 쿠퍼 페어라 불리는 전자쌍을 나눈 2개의 전자나, 비선형 광학 결정에 강한 레이저광을 조사했을 때 나오는 2개의 광자 등, 특수한 방법으로 생성된 양자쌍은 특수한 중첩 상태이며 공간적으로 떨어져 있더라도 상관관계를 가진다. 이러한 상태를 '양자얽힘'이라고 한다.

예를 들어, 양자 A를 측정하면 파동 묶음의 수축이 일어나 중첩 상태가 붕괴되어 '0'이나 '1' 한쪽의 상태로 정해진다. 이때, 양자 A의 상태가 '0'으로 정해지면 그 영향은 공간적 거리에 관계없이 순식간에 양자 B에게 전달되어 양자 B의 상태는 '1'로 정해진다.

덧붙이면, 양자컴퓨터에서는 'A가 0이면 B를 1이라 한다'라는 조작이나 'A가 1이면 B를 0이라 한다'라는 조작을 하기 위해서 양자얽힘을 이용한다. 양자컴퓨터에서 양자얽힘은 '룩업 테이블look-up table'(순람표. 입력이 취하는 값과 그 변환 후의 값을 준비해서 입력 값에 대해 적절히 배열해놓은 구조)과 같은 것이다.

자료제공: Furusawa Laboratory

제2장

양자컴퓨터는 실현 불가능한 것인가

연구 개발의 가속

현재, 양자컴퓨터의 개발 경쟁이 한창이다. 그 도화선이 된 '양자 어닐링 머신'이 '조합 최적화 문제'라고 불리는 특정 문제에 특화된 전용 머신이라는 것은 앞에서 설명했다.

조합 최적화 문제란 방대한 조합 중에서 최적의 조합을 찾아내는 문제이다. 유명한 예로는, 한 명의 세일즈맨이 자신의 모든 고객을 방문하고 회사로 돌아오는 최단 루트를 찾아내는 '순회 세일즈맨 문제'가 있다. 순회 세일즈맨 문제의 경우, 고객수가 늘어나면서 순회 루트의 패턴이 급증한다. 그로 인해 고객의 수가 방대해지면 고전컴퓨터로는 현실적인 시간 내에 계산 처리를 완료하기 힘들다고 여겨진다.

범용형 양자컴퓨터와는 동작 원리가 다른 양자 어닐링 머신을 '양자컴퓨터'라고 불러도 되는지에 대해서는 의논의 여지가 있다. 하지만 이 머신의 등장을 계기로 범용형 양자컴퓨터의 연구 개발이 다시 불붙게 되었다.

범용형 양자컴퓨터는 고전컴퓨터의 NOT, OR, AND, NAND 게이트와 같이 '논리 게이트'를 사용하여 계산 처리를 실현한다는 점에서, 양자 어닐링 머신과 구별하기 위해 '게이

고전컴퓨터의 논리 게이트

논리 게이트란 고전컴퓨터에서 2진법의 기본적인 논리연산을 수행하는 회로를 말한다.

NOT 게이트

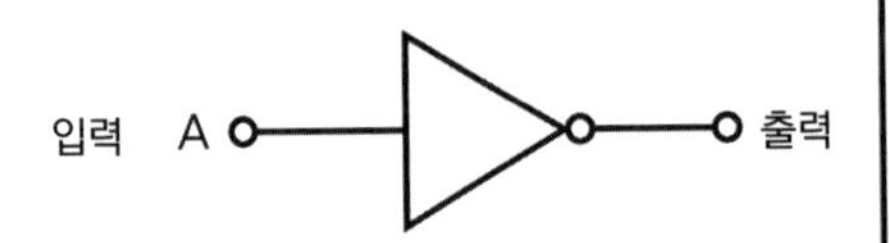

입력	출력
A가 0 →	1
A가 1 →	0

OR 게이트

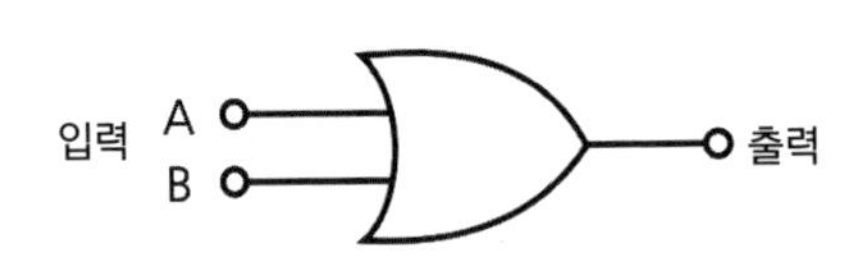

입력	출력
A가 0, B가 0 →	0
A가 0, B가 1 →	1
A가 1, B가 0 →	1
A가 1, B가 1 →	1

AND 게이트

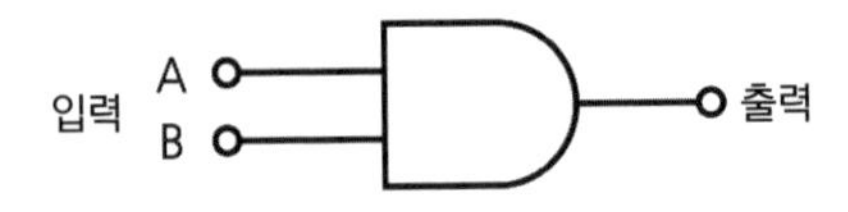

입력	출력
A가 0, B가 0 →	0
A가 0, B가 1 →	0
A가 1, B가 0 →	0
A가 1, B가 1 →	1

NAND 게이트

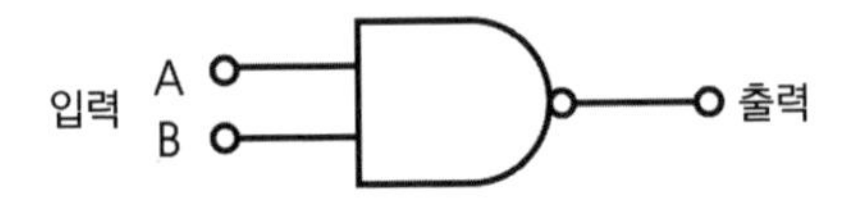

입력	출력
A가 0, B가 0 →	1
A가 0, B가 1 →	1
A가 1, B가 0 →	1
A가 1, B가 1 →	0

NAND 게이트만으로 NOT, OR, AND 게이트 만들기

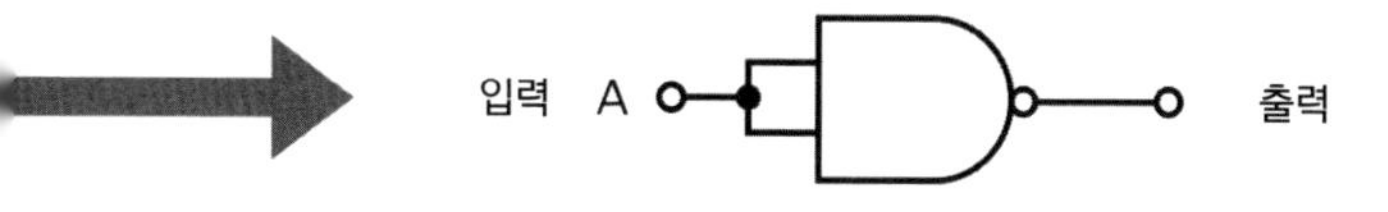

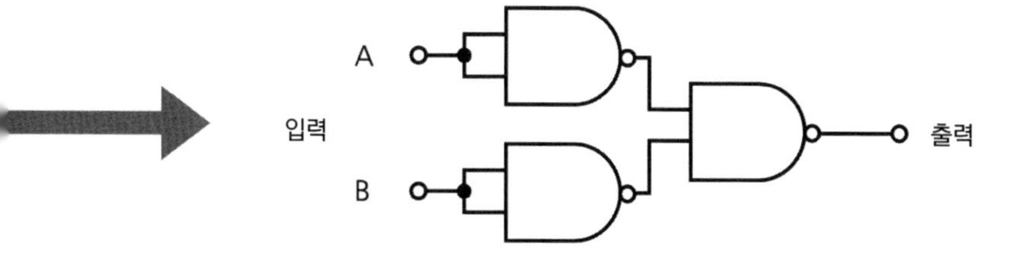

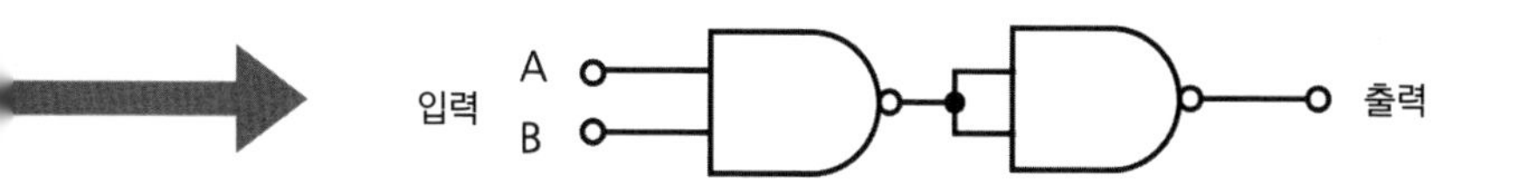

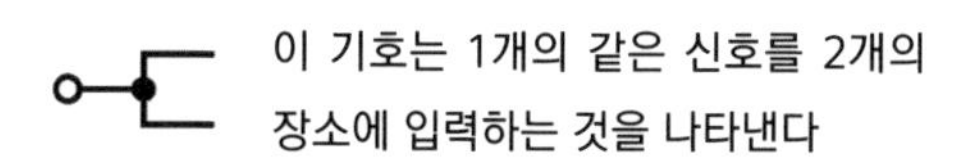

트 방식'이라고도 불리고 있다.

여기서 연산 게이트에 대해 설명하자. 고전컴퓨터에서는 모든 데이터를 1과 0, 2개의 기호의 배열로 변환하여 계산 처리를 실행한다. 예를 들어, '6'이라는 숫자가 입력되면 이를 2진법의 '110($2^2 \times 1 + 2^1 \times 1 + 2^0 \times 0$)'으로 변환하여 비트로 나눈다.

데이터는 '게이트'라고 불리는 스위치를 이용한 NOT, OR, AND라고 하는 3개의 조작에 의해 제어된다. NOT이나 OR, AND 등의 논리적인 게이트, 즉 '논리 게이트'에 의한 계산 처리는 영국의 수학자 조지 불이 19세기 중반에 고안한 '불 대수'를 이용하여 실행된다.

조금 더 구체적으로 설명하면, 먼저 AND 게이트에서는 A와 B의 두 곳에 신호를 입력할 경우 그 신호가 양쪽 모두 1이면 이 게이트는 1을 출력하고, 그 이외의 경우에는 0을 출력한다. 다음으로, OR 게이트에서는 A와 B의 한쪽에 1이 입력되면 1을 출력한다. 그리고 NOT 게이트에서는 입력된 신호를 반대로 출력한다. 즉, 1이 입력되면 0을, 0이 입력되면 1을 출력한다. 이러한 게이트를 대량으로 연결하여 모든 계산 처리를 실현 가능하게 하는 것이다.

나아가 요즘은 AND(논리곱)를 부정=반전(NOT)하는

NAND(부정논리곱) 게이트 하나로 NOT, OR, AND의 기능을 완수하여 논리회로를 구성할 수 있게 되었다(36~37쪽 그림 참조).

세계적인 기업과 연구기관의 뼈를 깎는 노력

양자컴퓨터를 이용하여 실제로 계산 처리를 하기 위해서는, 고전컴퓨터에서 사용하는 정보 단위 '비트'에 상응하는 '양자비트'가 필요하다. 양자비트란 고전컴퓨터에서 사용하는 비트가 '0'과 '1' 중 하나로 정보를 표현하는 것에 반해, '0'이면서 '1'인 중첩 상태를 가진다(19쪽 그림 참조). 이 양자비트는, 뒤에 기술하는 바와 같이 여러 종류가 고안되어 있어서, 연구 기관이나 기업이 독자적인 양자비트를 개발하기 위해 뼈를 깎는 노력을 하고 있다. 현재 IBM과 인텔이 주목하고 있는 초전도체를 소재로 한 '초전도 양자비트'의 개발 진전이 보고되고 있다. 이는 양자컴퓨터의 전신이라고도 할 수 있는 '조셉슨 컴퓨터Josephson computer'*의 흐름에 속하는 것으로, 실용화를 위한 과제는 산처럼 쌓여 있어 최종적으로 어떤 방법이 주류가 될지는 아직까진 미지수이다.

한편, 내가 1996년부터 연구 개발을 진행해온 빛을 이용한 양자컴퓨터도 물론 범용형이다. 또한, 고전컴퓨터가 전자를 사용하여 계산 처리를 행하는 데 반해, 우리가 개발하는 양자컴퓨터는 빛의 양자, 즉 '광자photon'를 사용하여 계산 처리를 수행한다. 광자를 사용하는 이점은 상당히 커서, 연구 개발이 진행되고 있는 양자컴퓨터 중에서 가장 실현성이 높다고 확신한다. 더욱이, 이것이 실현된다면 일본에서 탄생한 양자컴퓨터가 되는 것이다.

자세한 사항에 대해서는 제3장 이후에 설명하기로 하고, 먼저 양자컴퓨터 연구 개발의 역사를 간단하게 되돌아보자.

---

* 조셉슨 접합 소자를 교묘하게 사용하여 논리 회로나 기억 장치를 실현하고, 컴퓨터로서 동작시키는 것을 조셉슨 컴퓨터라고 한다. 조셉슨 접합 소자를 이용하여 초고속도, 대용량의 컴퓨터를 제작하려는 연구가 IBM, 구글을 비롯하여 각국에서 활발하게 이루어지고 있다. 최근에는 조셉슨 접합 소자를 이용한 양자비트를 '초전도 양자비트(superconducting qubit)'라고 부르며, 조셉슨 컴퓨터보다 초전도 양자비트 양자컴퓨터, 초전도 양자컴퓨터라는 이름이 더 널리 쓰인다.

쇼어 박사가
불러온 충격

양자컴퓨터 개발 분야에서 가장 강한 충격을 준 연구는 1994년에 피터 쇼어 박사가 보인 '쇼어 알고리즘'이다. 이것은 양자계산을 이용하여 초고속으로 큰 숫자의 소인수분해를 하기 위한 알고리즘이다. 쇼어 박사는 당시 미국 벨 연구소의 연구원이었다(현재 매사추세츠공과대학교 교수).

쇼어 박사는 양자컴퓨터를 사용하면 소인수분해를 간단하게 할 수 있다는 것을 이론적으로 증명했다. 이는 양자컴퓨터가 실현된다면 RSA 암호는 한순간에 풀려버리고 만다는 것을 의미한다. RSA 암호란 '거대한 소수를 곱해서 얻은 숫자를 소인수분해하여 원래의 소수를 구하는 것은 상당히 어렵다'라는 사실을 이용한 공개키 암호의 한 종류이다. 지금까지의 컴퓨터에서는 현실적인 시간 내에 암호를 푸는 것이 불가능하기 때문에, 인터넷 쇼핑이나 인터넷 뱅킹 등에서도 사용되고 있다. 하지만 양자컴퓨터라면 암호의 해독이 가능해지기 때문에 큰 소동이 일어난 것이다.

이것을 계기로 양자컴퓨터를 향한 관심이 급속하게 늘었다. 더불어 '집적회로의 성능이 1년 반 주기로 2배가 된다'라는 '무어의 법칙'에 한계가 보이기 시작한 사실도 더해져, 미국을 중심으로 연구 개발이 가속되었다.

하지만 안타깝게도, 이론을 실제 하드웨어로 만드는 일은 상당히 어려워 개발이 난항을 겪고 있다. 이론 발표로부터 40년이 지난 지금까지도 실용화되지 못한 사실로도 그 어려움을 알 수 있다.

덧붙이자면, 현재 양자컴퓨터라고 하면 '기존의 컴퓨터와 비교해서 차원이 다르게 빠른 속도로 계산 처리를 할 수 있는 차세대 컴퓨터'라는 이미지가 강하지만, 사실 그렇게까지 만능인 것은 아니다. 양자컴퓨터가 실현될 경우 확실히 초고속으로 계산 처리할 수 있다고 이론적으로 증명된 문제는, 쇼어의 알고리즘과 더불어 1996년에 벨 연구소의 연구원이었던 롭 그로버가 양자역학의 성질을 사용하여 방대한 데이터 중에서 목적의 데이터를 탐색하는 방법으로 개발한 '그로버의 알고리즘' 등 현재 약 60종류 정도에 지나지 않는다. 그 외에는 거의 무지한 상태이다. 이와 같은 양자컴퓨팅 이론 연구도 중요한 연구 과제 중 하나이다.

고속 계산을 위한 세 가지 방법

양자컴퓨터가 계산 처리 속도를 향상시킬 수 있는 방법은 세 가지가 있다.

①계산 처리의 스텝 수, 즉 사용되는 논리 게이트의 수 줄이기. ②코어, 즉 계산 처리를 수행하는 회로의 클락 주파수 향상시키기. 즉, 1초간에 처리하는 신호의 수 늘리기. ③멀티 코어, 즉 코어를 여러 개 나열하여 병렬 계산하기이다.

쇼어의 알고리즘이 고속으로 계산 처리를 할 수 있는 이유는 ①에 해당한다. 양자컴퓨터는 여러 개의 양자비트 간에 양자얽힘을 생성함으로써 계산 처리를 수행한다. 양자가 가진 파동으로서의 성질에 의해 양자얽힘이 생성되어 양자비트 간에 간섭이 일어나, 그로 인해 파동이 합쳐지거나 상쇄되거나 하여 압도적으로 적은 스텝 수로 답을 도출한다.

스텝 수를 줄일 수 있는 알고리즘일수록 계산 처리가 고속화된다. 쇼어의 알고리즘은 스텝 수를 극적으로 줄일 수 있다는 사실이 수학적으로 증명되었으나, 모든 알고리즘이 논리 게이트를 극적으로 줄일 수 있는 것은 아니다. 그러므로 '어떤 알고리즘일 경우 스텝 수를 줄일 수 있는가'에 대해서도 연구가 진행되고 있다.

②의 클락 주파수는 2007년에 수 기가헤르츠에 달하였으나 그 이후에는 거의 변하지 않았다. 고전컴퓨터와 같이 전자를 사용해서 계산 처리를 행하는 한, 그 이상의 클락 주파수 향상은 기대하기 어렵다. 여기서 ③의 멀티 코어를 도입하여 계산 처리 속도를 높이는 게 현실이지만, 병렬 코어를 늘릴수록 에너지 소비의 증대는 피할 수 없다. 이에 비해, 양자컴퓨터라면 하나의 코어 자체가 그다지 많은 에너지를 사용하지 않기 때문에, 멀티화하더라도 에너지 소비는 별로 늘지 않는다.

결국, 양자컴퓨터라 하더라도 여기서 이야기한 세 가지 방법 중 무언가를 실현하지 않는 한, 고전컴퓨터보다 고속으로 계산 처리를 할 수 없다. 한편, 애초에 양자컴퓨터가 고전컴퓨터보다 고속으로 계산 처리가 가능해야 하는가 하는 근본적인 의문도 생긴다.

하지만 양자컴퓨터가 실현되면 고전컴퓨터와 비교해서 대폭으로 소비전력을 줄일 수 있을 것이라 기대된다. 즉, 만일 ①의 방법을 실현하지 못한다 하더라도, 양자컴퓨터라면 최소한의 전력으로 대량의 병렬 계산 처리를 할 수 있다. 거기에 추가로, 초고속 계산 처리가 가능해진다고 생각하면 되는 이야기이다.

저소비전력의 이유

왜 양자컴퓨터는 저소비전력인 것인가.

원래 컴퓨터란 '입력'으로 얻어진 상태를 '출력' 상태로 변환하는 물리 프로세스이다. 고전컴퓨터는 대량의 트랜지스터의 NAND 게이트에 의해 구성되는데, 문제는 NAND 게이트를 사용하여 논리연산을 할 때마다 전기에너지가 소비되고, 남은 전기에너지는 열에너지로 배출된다는 점이다. 그에 반해, 양자컴퓨터에 의한 논리연산의 경우, 먼저 이론적으로 열에너지의 배출을 없앨 수 있다는 것이 큰 차이점 중 하나이다.

금속과 반도체의 경계면을 전자가 통과할 때 등, '한 상태'에서 '다른 상태'로 변할 때 2개 상태의 사이에는 '퍼텐셜 장벽'이라고 불리는 에너지의 산이 존재한다. 이 산을 넘어가기 위해서는 그에 상응하는 에너지가 필요하다. 기존의 컴퓨터의 경우, NAND 게이트로 구성된 전자회로를 전자가 이동하면서 계산 처리를 수행하는데, 입력과 출력에서는 에너지 상태가 서로 다르다. 입력 때의 에너지 상태가 높고, 출력 때의 에너지 상태가 낮다. 그로 인해, 입력과 출력의 에너지 차이가 열에너지로서 배출되는 것이다.

이때, 당연히 전자는 낮은 에너지 상태(출력)에서 높은 에너지 상태(입력)로 돌아가지 못한다. 이를 '불가역 변환'이라고 한다.

이에 비해 양자컴퓨터의 경우, 이론상 입력과 출력에서 에너지 상태의 높이가 같아 에너지 상태에는 높이 차이가 없다. 따라서 열에너지가 방출되지 않는다. 이로 인해, 출력에서 입력으로의 역방향의 변환도 가능하며, 이를 '가역 변환'이라고 한다. 파인먼이, 양자컴퓨터라면 큰 폭으로 소비 전력을 줄일 수 있다고 주장한 것은 양자컴퓨터가 가역 변환의 컴퓨터이기 때문이다. 양자역학에서 자주 '유니터리 변환'이라는 수학이 등장하는데, 이는 가역 변환의 대표 격이다. 예를 들어 A_1이라는 상태에 어떤 유니터리 변환을 가하면 A_2로 변하고, 역으로 A_2에 반대 방향의 변환을 가하면 A_1으로 돌아가는, 원래 상태로 돌릴 수 있는 변환을 말한다. 파인먼이 제안한 양자컴퓨터는 바꿔 말하면 유니터리 변환이 가능한 컴퓨터를 말한다.

고전 논리 게이트와 양자 논리 게이트

고전 논리 게이트 (그림은 NAND 게이트)

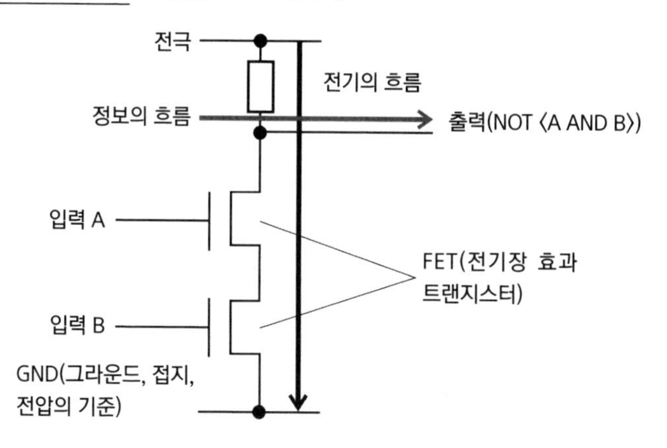

양자 논리 게이트 (그림은 'Z축 회전 게이트'라고 불리는 게이트)

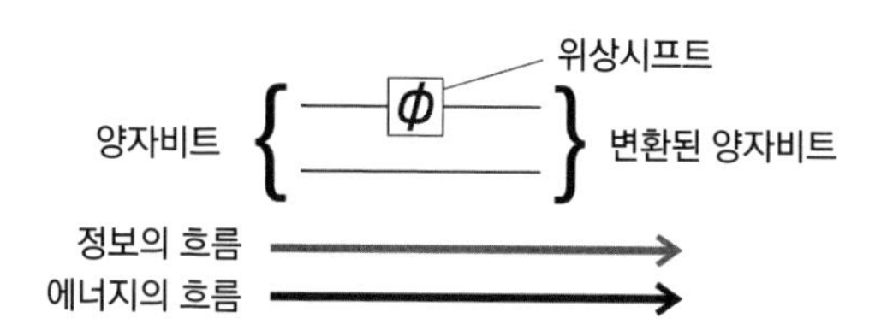

고전 논리 게이트에서는 '정보의 흐름'이 '전기의 흐름'과 직각을 이루고 있어 원스텝마다 전기를 버리고 있다. 예를 들어, 클락 주파수가 1GHz(기가헤르츠)라면, 1초에 10억 번이나 전기를 소모하는 것이며, 대규모가 될수록 방대한 에너지를 소비하게 된다.
그에 비해, 리처드 파인먼이 고안한 양자컴퓨터에서는 논리 게이트가 가역변환이라서 원리적으로 에너지를 소비하지 않는다. 물론, 실제로는 에너지를 약간은 소비하지만 그 값은 매우 작다.
관점을 바꿔보면, 양자 논리 게이트에서는 '정보의 흐름'과 '에너지의 흐름'이 거의 일치한다고 말할 수 있다.

자료제공: Furusawa Laboratory

양자역학의 중요한 네 가지 성질

양자컴퓨터의 계산 처리에 관한 원리를 이해하는 데 중요한 양자역학의 성질은 주로 다음의 네 가지이다.

먼저, ①은 제1장에서 소개한 '중첩 상태'. 이것은 1개의 양자에 복수의 상태가 동시에 존재하는 상태이다. ②는 '파동 묶음의 수축'으로, 이것은 양자중첩 상태에 있는 양자를 측정하면 그중 하나의 상태만이 측정되는 것을 말한다. ③은 외부의 영향으로 인하여 양자중첩 상태가 파괴되어 여러 상태의 혼합 상태가 되어버리는 것이다. 이렇게 양자중첩 상태가 깨지는 것을 '결깨짐decoherence'이라고 한다.* 양자비트를 이용하여 계산 처리를 실현하기 위해서는 양자중첩 상태가 깨질 때까지의 시간, 즉 '결맞음coherence 시간'을 가능한 한 길게 유지하는 것이 중요하다. 역으로, 결맞음 시간 내에 계산 처리를 할 수 없다면 올바른 결과를 얻을 수 없다.

그리고 ④는 '파동함수에는 측정할 수 있는 모든 물리량의 정보가 포함되어 있고, 그것은 슈뢰딩거 방정식으로 계산

* 결잃음, 결흩어짐, 결어긋남이라고도 한다.

할 수 있다는 것'이다. 양자 상태는 슈뢰딩거 방정식에 따라 시간과 함께 변화하며, 그 변화는 유니터리 변환에 의해 표현된다.

양자비트로서의
양자중첩과 양자얽힘의 역할

고전컴퓨터의 전자회로는 다수의 NAND 게이트로 구성되어 있다. 한편, 양자회로는 양자 논리 게이트로 구성된다. 이는, 기존의 컴퓨터의 전자회로를 양자역학의 세계로 확장시킨 것이다.

앞에서 말한 바와 같이, 고전컴퓨터에서는 예를 들어 '6'이라는 숫자가 입력되었을 경우, 이를 2진법 '110'으로 변환하여 1, 1, 0이라는 3개의 비트로 나눈다. 그리고 논리 게이트를 이용하여 논리연산을 실행한다. 양자컴퓨터의 경우도 기본 원리는 똑같다. 예를 들어, '6'이라는 숫자를 2진법으로 변환하여 3개의 양자비트로 나눈다. 그리고 양자 논리 게이트에 입력해나가는 것이다.

하지만 여기서 고전컴퓨터의 논리 게이트와의 큰 차이점

이 있다. 그것은 양자 논리 게이트에서는 양자얽힘을 생성한다는 것이다. 양자컴퓨터의 핵심은 양자중첩과 양자얽힘을 사용하여 양자알고리즘을 바탕으로 계산 처리를 한다는 점이다.

n개의 양자비트의 계산에서는 2^n가지의 경우의 수를 동시에 실행하여 그중에서 정답을 구한다.

예를 들어, 동전을 던지는 경우를 생각해보자. 하나의 동전에는 각각 '앞'과 '뒤'의 두 가지 상태가 있다. 각각의 동전을 구별할 수 있는 경우, 동전이 2개면 2^2으로 네 가지, 3개면 2^3으로 여덟 가지가 되어 배로 늘어간다. 그리고 10개의 경우는 2^{10}으로 1,024가지이다. 나아가, 동전의 개수를 30개로 늘리면 어떻게 될까. 2^{30}으로 단숨에 10억 7,374만 1,824가지로 불어난다. 따라서 양자비트가 30개 있다면 2^{30}, 약 10억 가지의 상태를 동시에 표현할 수 있게 되어, 그것들을 동시에 계산 처리 하는 것이다. 단, 앞에서 기술한 바와 같이 양자비트 간의 양자얽힘을 통해 연산 스텝 수를 줄이지 않는 한, 고속으로 계산 처리를 할 수는 없다.

양자비트의 계산에서는 정답 이외의 결과는 그 확률을 줄여나가는 처리를 한다. 구체적으로는, 복수의 양자비트 간의 양자얽힘을 생성하여, 계산 처리 도중에 간섭을 일으켜 파동을 증폭하거나 상쇄함으로써 적은 게이트 수로 정답을 도출하는 것이 가능하다.

파동에는 진폭과 위상이라는 두 가지의 성분이 있다. 진폭이란 파동의 진동 폭을 말한다. 삼각함수의 그래프에서는 위아래 방향의 폭과 관련된다. 또한, 위상이란 삼각함수의 사인곡선이나 코사인곡선과 같이 주기적으로 운동하는 함수에서, 그 주기 중 어느 지점에 있는지를 나타내는 것이다. 즉, 진동의 타이밍을 표현하는 것이다.

여기서, 진폭이 1인 파동이 2개가 있고 이 두 파동을 더한다고 하자. 2개의 파동의 위상이 같다면 진폭은 2가 되고, 위상이 반대라면 진폭은 0이 된다. 얽혀 있는 양자비트에 이와 같은 간섭을 일으켜서 계산 처리를 함으로써 정답을 고속으로 도출할 수 있다.

고전컴퓨터의 비트가 '0' 혹은 '1' 중 하나의 값을 취하는 데 반해, 양자비트에서는 양자중첩을 만듦으로써 여러 개의 값을 동시에 취할 수 있고, 더욱이 간섭을 이용하여 문제에 대한 답의 모든 후보 중에서 정답을 초병렬 계산에 의해 골라낼 수 있다.

양자비트는 |⟩와 같은 기호를 사용하는 '브래킷bracket 표기법'이라 불리는 표기법으로 표현되고, 이 기호는 양자 상태

고전컴퓨터와 양자컴퓨터의 반가산기

반가산기란 2개의 입력에 의해 1비트(2진수의 한 자릿수로, '0' 혹은 '1') 간의 덧셈을 계산하는 회로를 말한다.
양자컴퓨터는 양자알고리즘밖에 쓸 수 없는 것이 아닌, 고전컴퓨터와 같은 연산이 가능하면서 물론 중첩 상태의 처리도 가능하다.

고전컴퓨터

한 자리의 2진수의 덧셈을 하는 경우의 반가산기

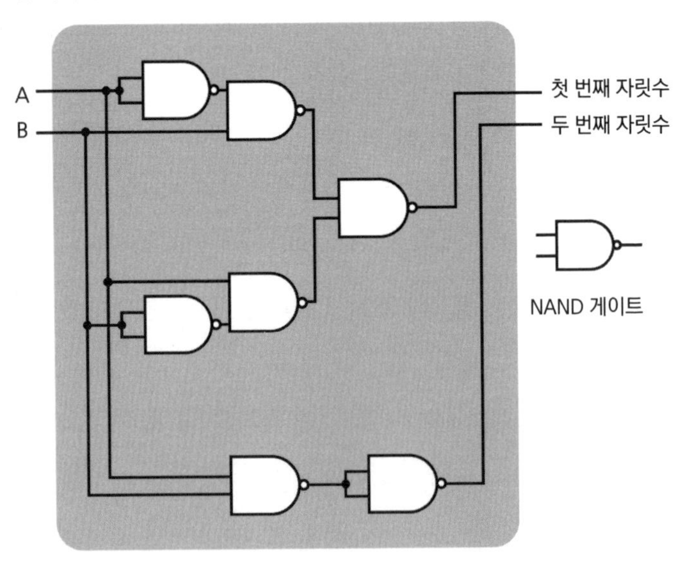

입력하는 A, B는 '0' 혹은 '1'의 값을 취하고, 다음의 계산 중 어느 하나만이 실행된다.
0+0=00 (2^1이 0, 2^0이 0이므로, 10진법으로 0)
0+1=01 (2^1이 0, 2^0이 1이므로, 10진법으로 1)
1+0=01 (2^1이 0, 2^0이 1이므로, 10진법으로 1)
1+1=10 (2^1이 1, 2^0이 0이므로, 10진법으로 2)

양자컴퓨터

한 자리의 2진수의 덧셈을 하는 경우의 반가산기

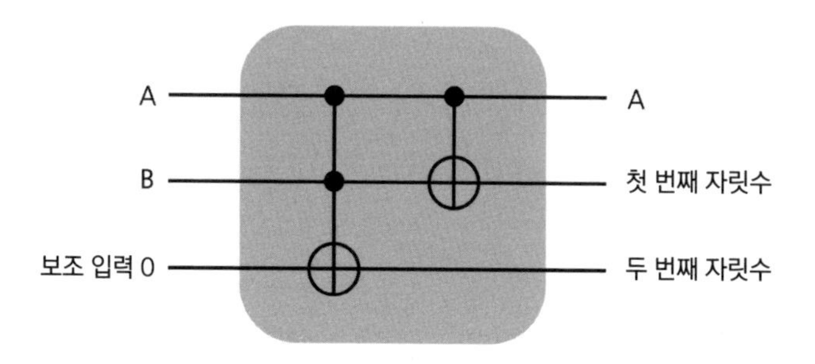

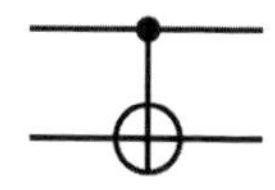

이 기호는 2개의 양자비트를
양자얽힘 상태로 만드는 게이트를 나타낸다

위쪽 비트가 0일 때, 아래쪽 비트는 그대로.
위쪽 비트가 1일 때, 아래쪽 비트는 반전 조작(0→1, 1→0)을 수행한다.

입력하는 A, B는 각각 독립적으로 '0'과 '1'의 중첩 상태의 값을 취할 수 있다.

즉,

A는 $\alpha_A |0\rangle + \beta_A |1\rangle$

B는 $\alpha_B |0\rangle + \beta_B |1\rangle$

라고 설정할 수 있어, 고전적 반가산기와 같이

0+0=00

0+1=01

1+0=01

1+1=10

의 네 가지 계산 모두를 실행할 수 있다.

자료 제공: Furusawa Laboratory

에 있음을 나타낸다. 참고로, '0'과 '1'의 중첩 상태에 있는 양자비트를 수식으로 표현하면,

$|\psi\rangle = \alpha|0\rangle + \beta|1\rangle$

로 쓰고, 이는 양자비트 $|\psi\rangle$가 관측에 의해 'α의 절댓값의 제곱($|\alpha|^2$)'의 확률로 '0'이 되고, 'β의 절댓값의 제곱($|\beta|^2$)'의 확률로 '1'이 된다는 것을 의미한다.

극도로 어려운 양자컴퓨터 개발

그렇다면 왜 양자컴퓨터의 실현은 어려운 것일까.

최대 요인은 양자컴퓨터가 주위 환경에 매우 민감하다는 것이다. 즉, 양자중첩 상태가 깨지기 쉽다는 문제이다.

양자컴퓨터는 중첩 상태와 양자얽힘 상태라는 양자 특유의 현상을 이용함으로써, 초병렬 계산 처리를 수행한다. 그렇기 때문에 계산 처리 중에는 이러한 상태가 깨지지 않도록 해야 한다. 따라서 정답을 얻기 위해서는 계산 처리 시간이 결깨짐이 일어나기까지의 시간보다 짧아야 한다. 하지만 중첩 상태는 열 등의 외부 영향에 의해 쉽게 깨지기 때문에, 이

를 막는 것은 매우 어려운 일이다.

이러한 문제에 대해 '중첩 상태가 깨짐으로 생기는 오류를 어떻게 정정하는가', 즉 나중에 설명할 '양자 오류 정정'의 실현이 가장 중요한 과제 중 하나로 여겨지고 있다.

연구 개발이 진행 중인 양자비트 방식들

현재, 여러 가지 방식의 양자비트가 고안되어 연구 개발이 진행되고 있다. 기존의 고전컴퓨터의 비트와는 생김새도, 사용되는 하드웨어도 많이 다른데, 주된 방식을 소개한다.

크게 분류하면, 원자나 이온(플러스나 마이너스의 전하를 띤 원자)을 이용한 양자비트, 초전도체를 이용한 양자비트, 스핀을 이용한 양자비트의 세 종류가 있다.

① 원자나 이온을 이용한 양자비트

이미지를 떠올리기 쉬운 예는, 1개의 원자나 이온을 이용하여 하나의 양자비트를 표현하는 방법이다. 원자를 구성하는 원자핵의 주위에는 전자가 떠다니고 있다. 그 전자의 2개의 궤도를 '1'과 '0'에 대응시켜 중첩 상태를 만드는 것이다.

구체적인 방법으로는, 먼저 '이온 포획'을 들 수 있다. 여러 개의 이온을 전자기장에 의한 포획장에 가둔다. 그리고 초고진공*이라는 환경에서, 포획한 이온에 레이저를 조사照射하여 극저온으로 냉각시킨다. 이 레이저 냉각에 의해 이온은 움직이지 않게 된다. 그 후, 추가로 제어용 레이저를 조사한다. 그러면 이온이 진동하기 시작한다. 이 진동에 의해 중첩 상태에 있는 이온의 전자 준위(각각의 전자의 궤도마다 정해진 에너지 값)를 양자얽힘 상태로 만들 수 있다. 이 이온 포획에서는 이온의 전자 준위를 양자비트에 대응시킨다.

이온 포획의 연구는 미국 국립표준기술연구소NIST, National Institute of Standard Technology의 연구 그룹과 인스부르크대학교의 연구 그룹이 유명하다.

② 초전도체를 이용한 양자비트

초전도체를 양자비트로 이용하는 방법에는 몇 가지 방식

* 고진공보다 진공도가 더 높은 진공 상태. 보통 10^{-6}~10^{-10}mmHg(수은주밀리미터)의 압력 상태를 가리킨다. 진공이 높으면 높을수록 이온이나 원자를 포획할 수 있는 시간이 길어진다. 고체 표면의 흡착이나 전자 방사의 연구에서도 중요하다.

이 있는데, 그중에서 '플럭스 초전도 양자비트'라고 불리는 방식을 소개한다. 초전도는 아는 바와 같이, 절대영도(0켈빈. 섭씨 영하 273.15도)에 가까운 극저온에서 어떤 특정 도체의 전기저항이 0이 되는 현상을 말한다. 초전도 상태에 있는 작은 고리를 준비해서 그곳에 전류를 흐르게 하면, 전기저항이 없기 때문에 전류는 그대로 고리 안을 계속 돌게 된다.

전류가 흐르면 그 방향에 따른 자기장이 생성되는데, 이 고리가 원래 가지고 있던 자기장의 절반의 자기장을 추가하면, 이 고리를 흐르는 전류는 시계 방향과 반시계 방향의 중첩 상태가 되어 이를 양자비트로 사용한다.

초전도를 이용하는 방식은 극저온을 만들기 위해 거대한 냉장고를 필요로 하는 등 전체적으로 대대적인 일이 되지만, 세계적으로도 역사적인 연구가 많이 축적되어 있다. 일본에서도 도쿄대학교, NTTNippon Telegraph and Telephone Corporation(일본전신회사), 이화학연구소, 산업기술총합연구소를 비롯한 많은 기관과 대학에서 연구가 진행되고 있다.

③ 스핀을 이용한 양자비트

원자핵은 스핀이라고 불리는 자전운동을 하고 있다. 자기장이 없을 경우, 이 핵스핀의 자전축은 임의의 방향을 향하고

있다. 하지만 자기장을 걸어주면 핵스핀의 자전축이 자기장과 평행한 방향과 그 반대 방향의 두 가지 방향밖에 취할 수 없게 된다. 여기서, 평행한 상태와 그 반대 상태를 각각 양자비트의 |0〉, |1〉에 대응시킨다. 그리고 반대 방향의 상태는 평행 상태보다 에너지가 높다. 이 에너지 차이를 고려하여 최적의 주파수의 자기장을 걸어줘서 핵스핀의 중첩 상태를 실현할 수 있다.

이 스핀을 이용한 양자비트 실현 방법의 일례로 핵자기공명NMR이 있다. NMR란 일정한 자기장 안에 놓인 원자핵이 정해진 주파수의 전자기장과 상호작용을 하는 현상으로, 병원에서 검사에 사용하는 MRI(자기공명영상법)에도 사용되고 있는 기술이다.

NMR를 이용한 양자비트는 용액에 밀폐시킨 다수의 분자를 이용한다. 자기장에 의해 스핀의 상태를 제어할 수 있는 원자(양자비트)를 가진 분자를 대량으로 준비하여 용액에 섞어 최적의 주파수를 가진 전자기장의 펄스를 조사함으로써, 원자스핀에 양자정보를 써넣거나 읽어낸다. 단, 분자가 가진 양자비트 하나하나가 개별 양자비트로서 기능하는 것이 아닌, 분자 집단을 한꺼번에 제어하여 그들의 평균적인 행동을 측정함으로써 양자계산을 하기 때문에, 순수한 양자비트를 만드는 것은 어렵다고 여겨진다.

그 외에도, 전자의 스핀을 이용한 것으로, 다이아몬드 등의 결정 속 결함이나 양자점(반도체를 미세가공 해서 만든 나노미터(나노는 10억 분의 1) 사이즈의 점. 전자를 3차원적으로 가둔다)을 양자비트로 사용하는 방법이 고안되고 있다. 다이아몬드 결정 속의 1개의 탄소 원자 대신 질소 원자가 자리하고, 그 바로 옆자리가 비어 있는vacancy 것을 'NV센터'라고 부른다. 이 NV센터가 가진 전자스핀과 핵스핀이나 주변 탄소 원자에 의해 양자비트가 형성된다. 각각의 전자스핀의 상태를 |0〉, |1〉에 대응시키는 것이다. 전자스핀은 전자기장 펄스에 의해 제어할 수 있다.

단, 양자컴퓨터를 실용화하기 위해서는 수백만 개의 이상의 양자비트가 필요하다고 여겨져서, 그 어떤 방식도 실현까지의 길은 상당히 멀다고 할 수밖에 없는 상황이다.

제3장

빛의 가능성과 우위성

'양자텔레포테이션'은 '텔레포테이션'이 아니다

현재 세계에서 여러 가지 방식의 범용형 양자컴퓨터의 연구 개발이 진행되고 있지만, 여기에서는 우리가 1996년부터 연구 개발에 착수한 '양자텔레포테이션'과 그를 이용해 실현될 양자컴퓨터에 대해 소개하겠다.

지금까지 소개해온 원자나 이온, 초전도, 스핀을 사용한 양자비트는 모두 '정지'된, 즉 한정된 공간에 머물고 있다는 점에서 '정지형 양자비트'라고 할 수 있다. 그에 비해 우리가 연구 개발하고 있는 양자컴퓨터의 최대 특징은, 양자비트로 빛의 양자인 광자photon를 사용한다는 점이다. 광자는 당연히 빛의 속도로 움직이고 있기 때문에 '비행형 양자비트'라고 부를 수 있다.

정지형 양자비트와 비행형 양자비트는 양자컴퓨터 실현 방법이 크게 다르다. 따라서 앞으로는 광자를 사용한 양자컴퓨터를 구별하여 '광양자컴퓨터'라 불러 다른 방법과 구별하도록 하겠다.

뒤에 자세히 설명하겠지만 광양자컴퓨터의 장점을 간단하게 말하면, 실온이나 대기大氣 중에서도 동작하기 때문에 중첩 상태나 양자얽힘을 생성하고 유지하는 데 거대한 냉각 장치나 진공 장치가 불필요하여 실용성이 높다는 점, 빛은 공간을 광속으로 이동하기 때문에 정보 통신에도 그 상태로 이용할 수 있다는 점 등을 들 수 있다.

그리고 광양자컴퓨터의 가장 기초적인 특징이 되는 것이 양자텔레포테이션이다. '텔레포테이션'이라 하면 SF 영화나 SF 소설의 영향으로 '순간 이동'으로 생각하기 쉽다. 하지만 그것은 잘못된 생각이다. 우리가 연구 개발하고 있는 양자텔레포테이션이란 양자역학을 이용한 '정보'의 송신 방법을 가리킨다.

일반적으로 정보를 보낼 경우 그 정보는 발신자 측에 남겨놓을 수 있다. 이메일을 떠올리면 누구나 금방 납득하리라 생각하지만, 가장 알기 쉬운 예는 팩스일 것이다. 팩스로 원본을 송신했다고 해도 그 누구도 '원본을 보내버렸다!'라며 당황하지 않을 것이다. 원본은 언제나 송신자 측에 남아 있고, 그 사본이 수신자 측에 보내지는 것이기 때문이다. 즉, 현재의 모든 정보 송신은 수신자 측에 사본을 보내는 것이다.

하지만 양자의 세계에서는, 상당히 귀찮게도, 정보를 복사할 수 없다. 이를 '양자복제 불가능 정리no cloning theory'라고 한다.

그래서 정보를 보내는 수단으로 양자얽힘을 잘 이용해서

'송신자의 정보를 지우고, 수신자 측에서 그 정보를 되살아나게 하는' 것이다. 즉, 송신자 측에 있던 정보가 사라지고 수신자 측에 나타난다는 점에서, 이를 양자텔레포테이션이라고 부르는 것이다.

여기서 한 가지 주의할 점은 아무리 양자텔레포테이션을 사용해도 광속보다 빠르게 정보를 송신할 수는 없다는 것이다. 물론, 양자얽힘의 상태에 있는 양자쌍의 경우, 한쪽의 양자에 미친 영향이 다른 양자에게도 바로 전달된다는 점은 이미 앞에서 기술한 대로이다. 하지만 양자텔레포테이션을 완료하기 위해서는, 원리적으로 아무리 애써도 고전적인 통신수단의 병용을 피할 수 없기 때문에 그 제한을 받는 것이다.

불확정성원리로부터는 도망칠 수 없다

그런데 양자의 세계에서는 왜 정보를 복사할 수 없는 것일까.

'하이젠베르크의 원리'라고도 불리는 '불확정성원리'에 따르면, 위치와 운동량은 동시에 정해질 수 없다. 어떤 물체의 위치가 정해지면 운동량은 불확실해지는 것이다. 이는 모든 운동량이 중첩 상태에 있다고 해석할 수 있다. 한편, 어떤 물체의 운동량이 정해질 경우, 이번에는 위치가 불확실해진다. 이는 모든 위치가 중첩 상태에 있다고 해석할 수 있다.

대상을 '보는' 행위는, 대상에 빛을 쬐여 반사되어 오는 빛이 눈으로 들어와서 그것을 시신경이 인식하는 것이다. '측정'도 이와 같다. 대상을 측정한다는 것은, 대상에 광자나 전자 등을 쬐였을 때 되돌아오는 광자나 전자 등을 검출하여 그것을 가시화하거나 수치화하는 행위이다.

대상이 육안으로 보일 정도로 큰 물체라면 광자에 비해 그 에너지가 훨씬 크기 때문에 광자를 쬐여도 꿈쩍도 하지 않는다. 축구공에 빛을 쬐여도 움직이지 않는 것은 광자에 비해 축구공의 에너지 스케일이 비교할 수 없을 정도로 크기 때문이다. 하지만 광자와 에너지 스케일이 비슷한 원자나 전자에 광자를 쬐일 경우 위치나 운동량이 변화해버린다. 따라서 위치와 운동량을 동시에 확정짓는 것은 불가능한 것이다.

이 불확정성원리로부터, 양자 상태는 복사가 불가능하다는 것을 알 수 있다. 가령 하나의 양자 상태가 복사된다면 원본에서 위치를 측정하고 복사본에서 운동량을 측정할 수 있기 때문이다. 이는 불확정성원리와 모순된다.

불확정성원리

①

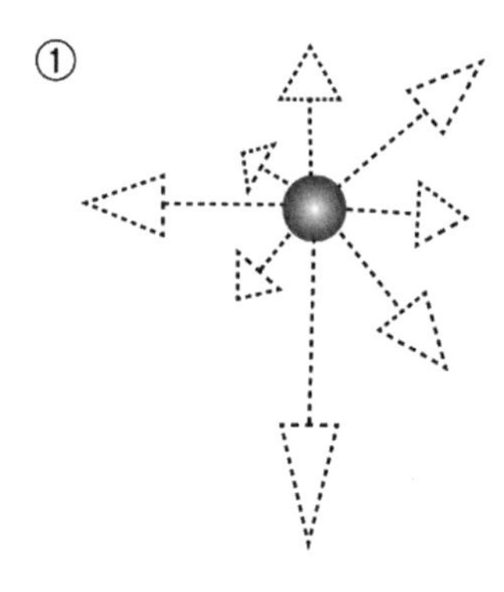

②

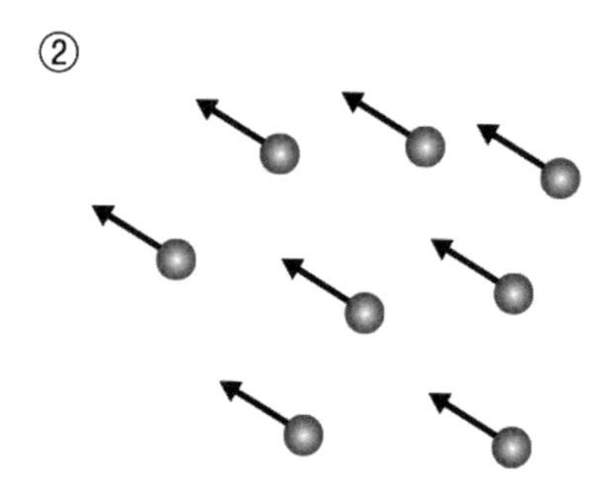

측정에 의해 양자의 '위치'와 '운동량'을 동시에 확정지을 수는 없다.

①은 측정에 의해 양자의 '위치'가 정해진 상태이다. 사방팔방으로 뻗은 점선으로 그려진 화살표는 운동량이 불확정한 상태임을 표현하고 있다. 이는 동시에 '모든 운동량이 중첩되어 있음'을 의미한다.

②는 측정에 의해 양자의 '운동량'이 정해진 상태이다. 실선으로 그려진 화살표가 양자의 운동량이며, 양자의 위치는 불확정한 상태이다. 이는 동시에 '모든 위치의 상태가 중첩되어 있음'을 의미한다.

고단샤 블루박스, 『양자텔레포테이션』(후루사와 아키라 지음, 2009년)에서 발췌

양자텔레포테이션의 방법

양자텔레포테이션의 방법을 자세히 설명해두자.

양자얽힘을 이용한 양자텔레포테이션의 개념을 이론적으로 구축한 것은 IBM에 근무하는 미국의 찰스 베넷 박사 그룹으로, 1993년의 일이다. 이는 2개 한 쌍의 양자얽힘을 잘 이용하고, 또한 기존의 고전적인 통신 수단을 병용함으로써 원격지에 정보를 전달하는 방법이다.

여기서는 송신자 앨리스가 수신자 밥에게 양자비트 V를 보내는 경우를 생각해보자. 참고로, 정보 분야에서는 송신자를 앨리스, 수신자를 밥이라고 부르는 것이 관례이기 때문에 그에 따르기로 한다.

먼저, 앨리스는 양자 A와 양자얽힘 상태에 있는 양자 B를 만들어 양자 B만 밥에게 보낸다. 그 후, 앨리스는 원래 보내고 싶던 양자비트 V와 양자 A를 묶어서 '벨 측정'이라고 불리는 조작을 실행한다. 벨 측정에 대한 상세한 설명은 제4장에서 다루겠으나, 이 측정의 결과는 네 가지 경우 중 하나로 정해진다. 그리고 그 벨 측정의 결과를 고전적인 통신 수단을 이용하여 밥에게 보내면, 원격지에 있는 밥은 앨리스가 보내준 벨 측정의 결과를 바탕으로 양자 B의 상태를 조작한다. 그 결과, 양자중첩 상태를 가진 양자가 나타난다. 실은 이 양자가 처음에 앨리스가 가지고 있던 양자비트 V와 같은 상태인 것이다. 한편, 앨리스는 벨 측정으로 인해 양자비트 V를 잃어버린다. 양자비트 V는 측정에 의한 파동 묶음의 수축으로 인해 붕괴해버리기 때문이다. 결과적으로, 앨리스가 가지고 있던 양자비트 V가 밥에게 이동한 것과 같은 결과가 되기 때문에 이를 양자텔레포테이션이라고 부르는 것이다.

이 양자비트 V는 원래 앨리스가 다른 누군가에게 받아서 이를 중계해서 밥에게 송신한 것이다. 그리고 앨리스는 양자비트 V의 내용을 알 수 없다. 왜냐하면 앨리스가 받은 양자비트 V는 밥에게 송신했기 때문에, 벨 측정을 실행한 단계에서 완전히 사라져버리기 때문이다. 또한, 벨 측정의 결과 중에는 양자비트 V의 정보가 포함되어 있지 않다. 따라서 이는 통신 중에 도청되는 경우 없이 양자비트 V를 송신할 수 있다는 것을 의미한다.

이와 같이, 양자텔레포테이션을 실현하는 '양자텔레포테이션 장치'는 입력된 양자비트의 정보를 그대로 다른 장소에 출력하는 장치라고 생각할 수 있다. 여기에, 입력된 정보에 어떠한 계산 처리를 하여 그 결과를 출력하는 기능을 추가하면

양자텔레포테이션

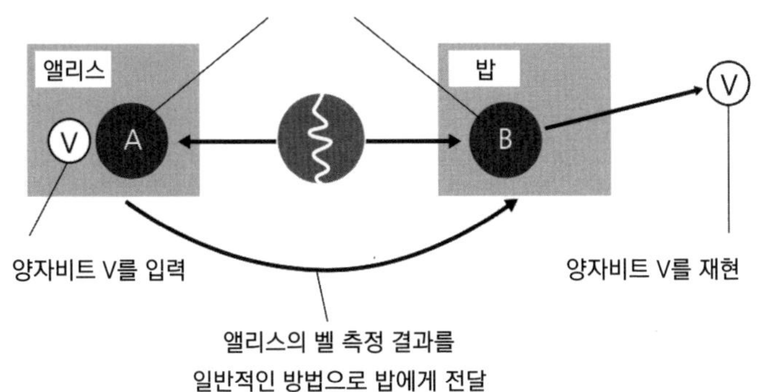

양자얽힘 상태에 있는 양자 A와 양자 B가 생성되어, 한쪽은 앨리스, 다른 한쪽은 밥이 가진다.

어떠한 정보를 가지고 있는 '양자비트 V'와 앨리스의 양자 A를 벨 측정으로 또다시 얽히게 한 후, 그 측정 결과를 일반적인 방법으로 밥에게 전달한다.

밥은 전달된 측정 결과를 토대로 자신이 가진 양자 B에 조작을 가한다. 그러면 앨리스가 가지고 있던 '양자비트 V'의 정보는 양자텔레포테이션에 의해 마치 옮겨 간 것처럼 밥이 있는 곳에서 재현된다.

자료제공: Furusawa Laboratory

양자컴퓨터로 발전시킬 수 있다. 게다가 여러 개의 입출력이 가능하게끔 기능을 확장하면 대규모 계산 처리도 가능하다.

즉, 양자텔레포테이션은 양자컴퓨터의 가장 기초적인 구성 요소라고 할 수 있다. 또한, 양자텔레포테이션은 양자비트의 정보를 원격지에 보내는 통신 수단으로도 볼 수 있기 때문에, 양자통신의 응용도 고려할 수 있다.

빛을 이용할 경우의 우위성

다음으로, 광자를 사용하여 양자비트를 실현할 때의 장점에 대해 자세히 설명하자.

첫 번째는, 앞에서 말한 바와 같이, 광자라면 상온에서 제어할 수 있기 때문에 극저온으로 만들 필요가 없다는 것이다.

원자나 이온, 전자를 사용한 양자비트의 경우, 절대영도인 섭씨 영하 273.15도에 가까운 극저온으로 만들지 않으면 (1개의 양자가) 중첩 상태에 있을 수도, 양자얽힘을 만들 수도 없다. 즉, 원자나 이온, 전자를 사용한 양자비트는 열 등의 외부 영향에 민감하여, 조금이라도 온도가 상승하면 중첩 상태나 양자얽힘이 순식간에 파괴되어버린다.

그에 비해 광자의 경우, 하나의 광자가 가진 에너지는 열에너지로 환산하면 섭씨 수만 도에 상응한다. 대략적으로, 광자에게 상온은, 원자나 전자 등 다른 양자에게 극저온 같은 온도인 것이다. 또한, 광자는 바깥 환경과의 상호작용이 매우 작아서, 한 번 생성된 빛의 양자 상태가 그대로 유지된다. 즉, 열에 의해 중첩 상태나 양자얽힘이 파괴되는 일이 없기 때문에, 극저온으로 냉각시킬 필요 없이 상온에서도 결깨짐까지의 시간을 길게 유지하기 쉽다.

두 번째는, 광자의 경우, 단일 광자(광자 1개)를 높은 효율로 검출하는 기술이 이미 개발되어 있다는 점이다. 양자계산에서는, 결과를 알기 위해서 단일 양자(양자 1개)의 양자 상태를 검출해야만 한다. 하지만 원자나 전자의 경우, 양자 상태 1개만을 높은 정확도로 검출하는 기술은 확립되어 있지 않다.* 그에 반해 광자의 경우, 검출기에 들어왔을 때 높은 확률로 검출 신호를 발생시키는 광자 검출기가 이미 시판되어 있다. 나중에 기술하겠지만, 기존의 '편광 소자' 등과 함께 이용하

---

* 최근에는 레이저를 이용하여 원자나 이온 1개의 양자 상태를 높은 정확도로 측정하는 방법이 확립되었다.

면 오차가 1만 분의 1 이하의 정확도로 양자 상태를 검출하는 것도 가능하다.

세 번째는 단일 광자의 상태를 쉽게 제어할 수 있다는 점이다. 이 제어에는 일반적인 빛을 제어할 때 쓰이는 장치를 그대로 적용할 수 있다.

그리고 네 번째는 양자 상태를 흐트러뜨리지 않고 장거리 전송이 가능하다는 점이다. 실제로, 광섬유 이용해서 중첩 상태에 있는 광자를 수십 킬로미터나 전송한 예가 보고되어 있다. 이러한 장거리 전송을 전자 등의 다른 양자로 실현하기는 어렵다. 단, 실제로 장거리 양자텔레포테이션을 실행할 경우에는 기존의 인터넷이 광섬유 중간에 증폭기를 설치하여 빛을 증폭하는 것처럼, 중간에 중계 기기를 여러 개 설치하여 양자얽힘 상태를 보강하면서 양자텔레포테이션을 몇 번이고 되풀이하며 전달하게 될 것이다.

빔 스플리터로
양자얽힘 상태를 만들다

광자를 사용하여 양자얽힘 상태를 만드는 구체적인 방법

으로는 다음과 같은 방법이 있다.

먼저, 붕산바륨과 같이 광학적으로 비선형 성질을 가진 결정(비선형 광학 결정)에, 필요한 빛의 2배의 주파수를 가진 레이저를 조사하는 방법이다.

이때, 1개의 광자가 2개로 쪼개진다고나 할까. '2ω'의 주파수의 광자 1개가 파장 변환에 의해 에너지 보존법칙에 기반하여 그의 2분의 1의 주파수 'ω'의 광자 2개가 된다. 이를 '파라메트릭 다운 컨버전'이라고 한다.

파라메트릭 다운 컨버전에 의해 1개의 광자를 2개로 분열시킴으로써 양자얽힘의 상태에 있는 2개의 광자를 만드는 것이다.

이에 비해, 이미 독립적으로 존재하고 있는 2개의 광자를 양자얽힘 상태로 만드는 방법도 있다. 그것은 '빔 스플리터beam splitter(빔 분할기)'를 이용하는 방법이다.

빔 스플리터는 유리판의 한 면에 '빛의 반사를 높이는 코팅'을, 다른 한 면에 '빛의 반사를 억제하는 코팅'을 처리한 것으로, 여기에 입사한 빛은 일부는 반사하고 일부는 투과한다. 반사와 투과의 비율은 각각의 코팅을 조절함으로써 자유롭게 선택할 수 있으나, 여기서는 특별히 주석을 달지 않는 한, 반사율 50퍼센트, 투과율 50퍼센트의 반거울을 이용한

빔 스플리터

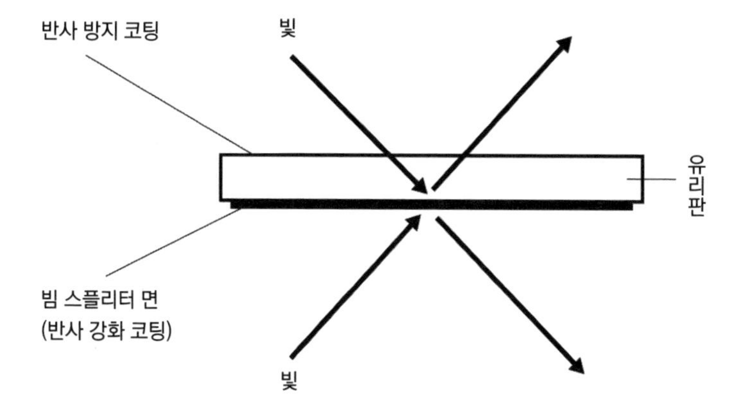

빔 스플리터의 구조. 유리판의 한쪽 면에 빛의 반사를 강화시키는 코팅을 바르고, 다른 한쪽 면에는 반사 방지 코팅을 바름으로써, 양쪽에서 입사한 빛을 투과하는 빛과 반사하는 빛으로 나눈다.
양쪽에서 입사한 빛을 합쳐서 출사시키는 '빔 스플리터'로서 기능하는 쪽은, 반사 강화 코팅을 바른 쪽의 유리판 한쪽 면이다.

고단샤 블루박스, 『양자얽힘이란 무엇인가』(후루사와 아키라 지음, 2011년)에서 발췌

경우로 제한한다. 원래는 이를 '50/50 빔 스플리터'라고 불러야 하지만, 간략하게 빔 스플리터라고 부르겠다.

예를 들어, 수평의 빔 스플리터 왼쪽 위에서 1개의 광자가, 왼쪽 아래에서 1개의 광자가 들어왔다고 하자. 빔 스플리터는 반사하는 확률이 50퍼센트이고 투과하는 확률도 50퍼센트이기 때문에, 각각의 광자가 빔 스플리터에 들어온 후 오른쪽 위로 광자 1개와 오른쪽 아래로 광자 1개가 나오거나, 또는 오른쪽 위로 광자 2개와 오른쪽 아래로 광자 0개, 또는 오른쪽 위로 광자 0개와 오른쪽 아래로 광자 2개, 이렇게 세 가지의 출사 패턴이 존재한다고 여겨진다. 하지만 신기하게도, 실제로는 오른쪽 위로 광자 2개와 오른쪽 아래로 광자 0개, 또는 오른쪽 위로 광자 0개와 오른쪽 아래로 광자 2개, 이 중 하나가 되기 때문에 이 두 가지 패턴의 중첩 상태가 된다. 그리고 이는 양자중첩 상태가 된다.

'양자 오류 정정'이라는 높은 장애물

양자비트로 광자를 사용할 때의 장점에 대해 조금 더 설

빔 스플리터에서 생기는 신기한 현상

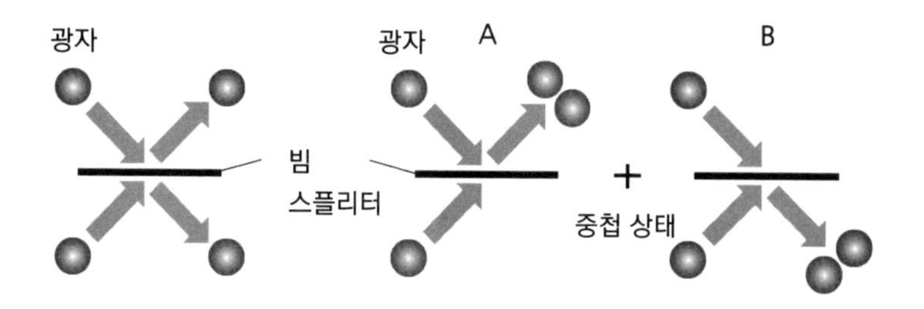

광자를 하나씩 빔 스플리터의 양쪽에서 동시에 입사시키면 위 그림의 세 가지 패턴이 생길 것 같지만, 실제로는 A나 B의 패턴밖에 생기지 않는다. 정확하게 말하면, 빔 스플리터의 한쪽에서 광자 2개나 나오고 다른 한쪽에서는 나오지 않는, A와 B와 같은 두 가지 경우의 중첩 상태가 된다.

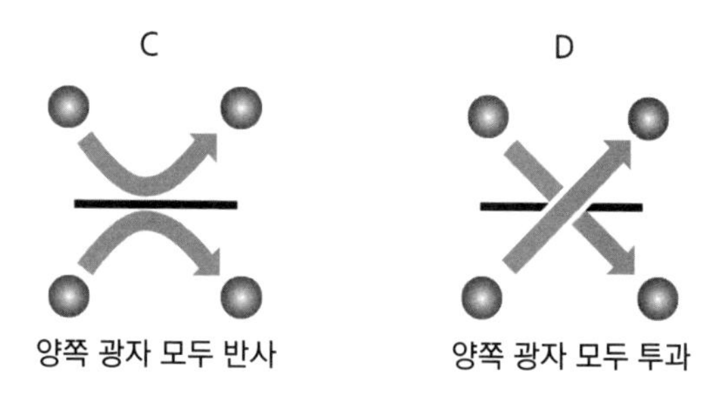

더 구체적으로 이야기하면, C와 같이 양쪽 광자 모두 반사하는 경우나, D와 같이 양쪽 광자 모두 투과하는 경우를 생각할 수 있다. 하지만 C와 D의 경우는 양자역학적으로 서로 상쇄되어 실제로는 생기지 않는다.

고단샤 블루박스, 『양자얽힘이란 무엇인가』(후루사와 아키라 지음, 2011년)에서 발췌

명하자. 양자컴퓨터를 실현하기 위해서 필수 불가결한 기능이면서, 현재 광양자컴퓨터가 아니면 실현하기 힘든 것으로 '양자 오류 정정'이 있다. 이것은 광양자컴퓨터의 압도적 강점이다.

고전컴퓨터에는 다량의 트랜지스터가 탑재되어 주변에도 전자파를 시작으로 여러 가지 노이즈 발생원이 있기 때문에, 노이즈로 인해 생기는 '오류'의 발생을 피할 수 없다. 노이즈로 인해 전압이 바뀌어 비트의 값이 0에서 1이나 1에서 0으로 반전해버리는 오류를 '비트 반전 오류'라고 한다.

하지만 가령 '1+1'을 수억 번 입력했다고 하더라도 지금의 고전컴퓨터는 '2'라는 정답을 내놓는다. 이는, 비트 반전 오류가 발생하더라도 그 오류를 검출해서 옳은 값으로 되돌리는 것이 가능한 기능을 탑재했기 때문이다. 이를 오류 정정이라고 한다.

오류 정정은 고전컴퓨터에서 필수적인 기능이다. 예를 들어, 1만 번에 한 번이라도 계산을 틀리는 컴퓨터라면 우리는 절대 이용하지 않지 않겠는가. 오류가 사실상 없는 무오류 상태가 아니라면 컴퓨터라고 부를 수 없다. 그리고 이 무오류 상태를 실현하는 것이 오류 정정이다.

이것은 매우 중요한 개념이기 때문에 조금 더 깊이 이야기해보자.

물리비트와 논리비트

비트에는 '물리비트'와 '논리비트'라는 두 종류가 있다. 실제 전자나 광자 등과 같이 고유의 물리량을 가지고 그것을 사용하는 비트를 물리비트라고 한다. 한편, 알고리즘 등에서 수학적으로 정보를 가지고 있는 비트를 논리비트라고 한다. 그리고 고전컴퓨터에는 '물리비트 1비트만으로는 논리비트 1비트를 나타내지 않는다'라는 기본적인 사고방식이 있다.

예를 들어, 축전기가 5개 있다고 하자. 여기서 각 축전기를 물리비트라고 생각한다. 5개 모두 어떤 값보다 전압이 높으면 논리비트는 '1', 5개 모두 어떤 값보다 전압이 낮으면 논리비트는 '0'이라고 한다. 여러 개의 축전기가 있으면 5개의 비트가 오류에 의해 부분부분 반전되더라도, 다수결에 의해 논리비트는 옳은 값을 출력할 수 있는 것이다.

이처럼, 다수의 물리비트로 하나의 논리비트를 나타내는 등 오류를 회피하기 위해 여분을 가지는 것을 '중복성redundancy

(리던던시)'이라고 한다. 이 중복성에 의해 고전컴퓨터는 오류가 발생해도 옳은 값으로 정정할 수 있는 것이다.

이 오류 정정은, 당연하게도 양자컴퓨터에서도 필수 불가결한 기능이다.

하지만 오류 정정을 양자컴퓨터에 적용하려고 하면 커다란 장벽에 직면한다. 그것은 양자비트의 경우, 중첩 상태에는 비트 반전 이외에도 여러 오류가 존재할 뿐만 아니라, 오류가 발생했는지 안 했는지를 확인하기 위해 양자 상태를 직접 측정하면 파동 묶음이 수축해버린다. 즉, 고전적인 오류 정정과 같이 직접 측정해서 오류를 검출하는 것이 불가능하다.

그렇기 때문에, 1994년에 IBM에서 컴퓨터 연구의 제1인자인 롤프 랜다우어 박사가 본인이 발표한 논문에서 "양자컴퓨터는 실현될 수 없다. 왜냐하면 오류 정정이 불가능하기 때문이다"라고 단언할 정도였다. 그리고 그로 인해 '오류 정정이 불가능한 것은 컴퓨터가 될 수 없다'라는 생각이 순식간에 퍼져, '양자컴퓨터는 꿈나라 이야기에 지나지 않는다'라는 포기 국면에 접어들었다.

오류 정정

1비트의 경우

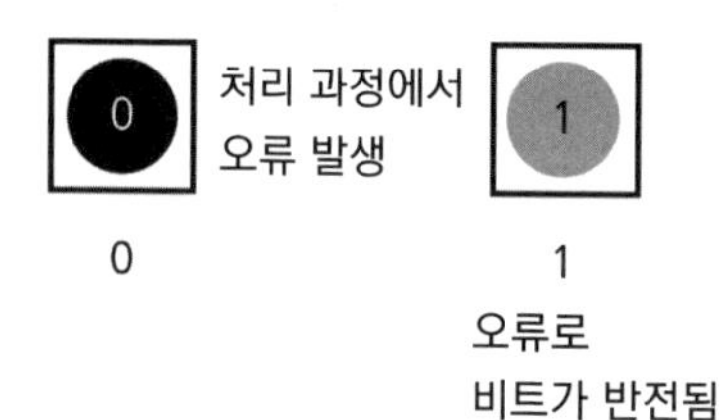

1개의 논리비트를 3개의 물리비트로 만드는 경우

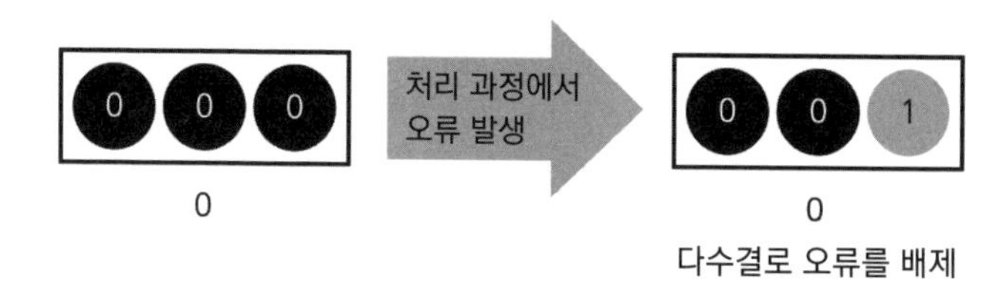

1개의 논리비트를 9개의 물리비트(3물리비트×3)로 만드는 경우

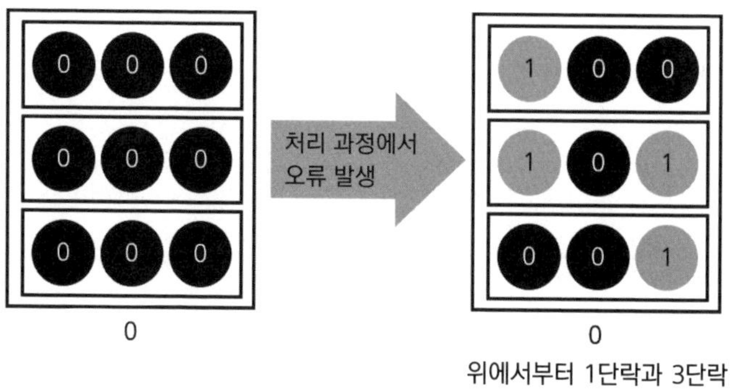

《Newton》 2018년 5월 호(뉴턴프레스)를 참고하여 작성

양자 오류 정정의 구세주

하지만 여기에 구세주가 나타났다. 1994년에, 그 쇼어의 알고리즘을 발표한 피터 쇼어 박사를 포함한 몇몇 연구자들이 '양자얽힘을 이용하면 양자컴퓨터로 오류 정정이 가능하다'라고 이론적으로 나타낸 것이다. 이로 인해 다시 흐름이 바뀌었다. 이것은 '오류 신드롬 측정'이라고 하는 방법이다.

오류 신드롬 측정에서는 먼저, 보호해야 하는 양자비트 외에 보조 양자비트를 준비해서 이들 사이에 양자얽힘을 생성한다. 여기서, 양자비트의 파동 묶음이 수축하는 것을 피하기 위해 보조 비트만을 측정한다. 이때, 보호해야 하는 양자비트의 값이 '0'인지 '1'인지는 밝히지 않고 오류의 유무만을 판별하는 것이 가능하다. 가장 중요한 점은 보호해야 하는 양자비트와 보조 양자비트를 양자얽힘 상태로 만드는 것으로, 오류의 정보가 보조 양자비트로 넘겨지는 것이다. 이를 통해 양자비트의 중첩 상태를 파괴하지 않고 오류의 정보만을 추출할 수 있는 것이다.

단, 왜 오류의 유무만을 판별할 수 있는가에 대해서는 정확하게 설명하기 어렵다. 보호해야 하는 양자비트와 보조 양자비트 사이에 양자얽힘을 생성함으로써, 어떻게 오류의 정보만을 추출할 수 있는지는 복잡한 수식을 이용하지 않고는 설명할 수 없기 때문에, 여기서는 그렇다는 정도로만 받아들이는 것으로 하자.

실제로, 오류에는 '오류 없음', '비트 반전 오류', '위상 반전 오류', '비트와 위상 모두의 반전 오류'라는 네 가지 패턴이 있는데, 이 네 가지 패턴이 중첩 상태를 이루고 있다. 그리고 오류 신드롬 측정을 통해서 그중 특정 오류로 파동 묶음을 수축시킬 수 있다. 즉, 오류 신드롬 측정이란 네 가지 패턴 중 어떤 오류인지를 밝혀서 특정 오류로 파동 묶음을 수축시키는 측정이다. 그것도 특정된 오류는 간단하게 원래 상태로 돌려놓을 수 있다. 예를 들어, 파동 묶음의 수축으로 확정된 오류가 비트 반전 오류라면 이 비트 반전 오류를 고치면 되는 것이다.

이는 신기한 현상이다. 오류의 패턴은 무한하게 있고, 그리고 오류는 오류 신드롬 측정을 하기 전에 발생했는데, 오류 신드롬 측정을 실시함으로써 처음으로 오류의 종류가 확정된다. 마치 과거를 바꾸고 있는 것처럼, 즉 인과율에 반하고 있는 듯이 보인다.

바로 납득하기 어려운 현상이지만 우리는 2009년에 이

검증 실험에 성공했고, 오류 신드롬 측정이 의심할 여지가 없이 신뢰할 수 있는 측정 방법이라는 것을 확인했다.

양자컴퓨터에서 가장 중요한 것은 양자비트가 양자얽힘 상태에 있는 것이지만, 양자 오류 정정이라는 가장 높은 장애물 중 하나에 대한 해결의 실마리도 또한 양자얽힘 상태에 있는 것이다. 이렇게 보면 양자얽힘은 정말 신기한 현상이지만, 아인슈타인마저 '스푸키spooky'(기분 나쁘다)라고 하며 이해하지 못한 것이기 때문에 누구든 알지 못하는 것이 당연할지도 모른다. 그런 이해 불가능한 일이 현실에서 일어나는 것이 양자역학의 세계이다.

이렇듯 쇼어 등에 의한 오류 신드롬 측정 아이디어로 인해 양자컴퓨터의 실현 가능성이 다시 부상했다. 하지만 이를 정지 양자비트를 사용한 양자컴퓨터에서 물리적으로 실현시키는 것은 상당히 어려워, 현재 가장 곤란한 과제 중 하나로 인식된다.

가장 곤란한 이유를 간단히 말하자면, 많은 양자비트들을 얽힘 상태로 만들 필요가 있기 때문이다. 하지만 양자비트 수가 늘어나면 늘어날수록 전체적인 양자얽힘 상태를 유지하기가 어려워진다. 그로 인해 계산 처리의 성능이 저하함은 물론, 오류도 발생하기 쉬워진다. 즉, 이율배반의 상황에 빠져버리는 것이다.

빛이 앞서가는 양자 오류 정정

2017년 11월에는 IBM이 50양자비트, 2018년 1월에는 인텔이 49양자비트, 나아가 2018년 3월에는 구글이 72양자비트까지 집적도를 높였다고 발표했다. 하지만 이 양자비트의 수는 어디까지나 물리 양자비트이고, 실제 양자계산을 하기 위한 논리 양자비트는 아니다. 오류 정정을 비롯하여 '보존해야 하는 양자비트'의 보호는 여러 개의 물리 양자비트가 부담하는 것이다. 논리 양자비트 1비트를 실현하기 위해서는 상당히 많은 물리 양자비트가 필요하다고 여겨지고 있기 때문에, 오류 정정 기능의 탑재가 필수 불가결하다는 사실을 고려하면 실용화의 길은 한없이 멀다고 할 수 있다.

고속화와 광대역화를 양립시키다

그에 반해, 제4장 이후에서 자세히 설명하겠지만, 우리 연구실에서 연구 개발을 진행하고 있는 광양자컴퓨터는 이

최대 과제를 이미 해결했다. 오류 정정이 가능하다는 것은 이미 2009년의 실험에서 실증했을뿐더러, 양자얽힘 상태에 있는 양자비트를 대량으로 생성하는 기술의 개발에도 성공했다. 2016년에는 100만 양자비트의 양자얽힘을 확인했다. 심지어, 광자를 사용하고 있기 때문에 상온에서 안정적이며, 흡수나 산란이 없다면 중첩 상태가 깨지지 않는 것과 더불어, 양자비트 수의 증가에 따른 공간적인 대규모화라는 문제와도 관계가 없다.

실은, 내가 학생이었던 1980년대에 '광컴퓨터'의 연구 개발이 활발히 진행되기 시작했다.

원래 통신은 전화선 등의 케이블을 사용하여 전기로 데이터를 송신했다. 하지만 지금은 지역 전체가 광섬유 네트워크로 덮여 있어서, 대부분의 데이터는 광섬유를 사용해 광대역인 빛으로 송신하고 있다.

빛은 주파수가 100테라헤르츠THz 이상이기 때문에 정보를 싣기 위한 캐리어 주파수가 100테라헤르츠 이상이다. 이 주파수 대역의 넓이는 '울트라 광대역'이라고 부를 정도로, 고속이면서 실을 수 있는 정보량을 현격히 늘릴 수 있고 신호 처리가 매우 빠르다는 장점을 가져서, 급이 다른 고속 통신이 가능해진 것이다.

또한, 전자 대신 빛을 이용하면 컴퓨터의 클락 주파수도 현격히 높일 수 있다. 이는, 고속 계산 처리가 실현 가능하다는 의미이다.

따라서 컴퓨터도 통신과 같이 빛을 이용하여 계산 처리를 하면 좋지 않을까 하고 누구나 생각할 것이다. 하지만 현재 광컴퓨터는 존재하지 않는다. 광컴퓨터에는 치명적인 문제가 있기 때문이다. 그것은 당시의 광컴퓨터는 아날로그 컴퓨터이며, 오류 정정의 방법이 발견되지 않았다는 것이다. 그 결과, 디지털 컴퓨터가 주류가 되어 현재까지 이어지고 있다. TV도 마찬가지이다. 아날로그 브라운관 TV와 디지털 TV 중에서는 디지털 TV가 노이즈를 줄일 수 있다. 이것은 오류 정정에 의해서, 오류가 발생한 정보를 원래대로 돌려놓을 수 있기 때문이다.

그에 반해, 우리는 빛을 양자화, 즉 광자로 취급함으로써 빛으로도 오류 정정이 가능하다는 것을 실증했다. 광컴퓨터를 진화시켜 광양자컴퓨터로 만듦으로써 오류 정정이 가능해진 것이다. 우리의 광양자컴퓨터 실현에 대한 도전은 지금은 환상이 된 '꿈의 광컴퓨터 개발' 실패에 대한 설욕전이기도 한 것이다.

제4장

양자텔레포테이션을 지배하다

양자텔레포테이션 연구의 계기

자, 여기서부터는 우리가 진행해온 광양자컴퓨터의 연구 개발의 역사와 그 내용에 대해 자세히 소개하기로 한다.

우리가 광양자컴퓨터의 연구 개발을 시작한 것은 1996년의 일이다. 먼저, 거기에 이르기까지의 배경에 대해 이야기하자.

1980년에 도쿄대학교 교양학부 이과1류(이과대학)에 입학한 나는, 전문 과정에서는 공학부 물리공학과로 진학했다. 그 이유는 내가 물리를 좋아하기는 했지만, 이학부 물리학과는 소입자와 우주물리가 중심인데, 나는 조금 더 공학에 가까운 연구를 하고 싶었기 때문이다. 그래서 이름에 물리가 들어 있는 물리공학과를 선택한 것이다. 지금도 물리공학과는 응용물리를 주류로 하고 있어서 물리 이외에도 회로학이나 제어론을 배울 수 있다. 지금 생각해보면 이 물리공학과를 선택한 일은 나에게 있어서 옳은 선택이었다.

그리고 도쿄대학교 대학원 공학계연구과 물리공학 전공의 석사 과정 수료 후인 1986년, 주위의 모두가 전기 메이커 회사에 취직하는 와중에 '지금부터는 빛의 시대다'라고 생각하여 카메라 메이커인 니콘에 취직했다. 배정받은 곳은 개발 본부연구소 제1연구과라는 부서였다. 당시에는 카메라라고 하면 필름을 사용하는 카메라이고, 디지털카메라는 그림자도 형태도 없는 시대였다. 하지만 서서히 컴퓨터가 사회에 침투하고 있는 중이었고, 카메라도 아날로그에서 디지털로 이행해 갈 필요가 있다는 니콘의 방침하에 필름을 대신할 '광메모리'의 연구 개발이 계획되고 있었다.

필름은 분자 단계에서 빛을 감지하기 때문에, 화소로 환산하면 상당히 고해상도이며 이에 필적하는 대용량 광메모리를 개발해야 했다. 당시, 니콘에서는 광자기디스크 개발을 진행하고 있었으나, 나는 대용량 차세대 메모리로서의 '3차원 광메모리'의 개발을 담당했다. 3차원이라고 해도 공간적 3차원이 아닌 '공간적 2차원+파장 차원'의 3차원 광메모리이다. 여기에는 '광화학 홀 버닝'*이라는 파장 다중성에 의해, 기존의 광메모리의 용량을 1,000배~1만 배나 늘릴 수 있는 초대용량 광메모리를 실현하기 위한 원리가 쓰였다.

---

* 극저온에서 무정형 고체나 고분자 중의 유기 색소분자 혹은 무기결정 중의 불순물 이온에 레이저광을 쬐여 광화학 반응을 일으켜, 그 흡수 스펙트럼 중 조사광 파장의 위치에 예리한 구멍을 뚫는 현상을 말한다.

그리고 광화학 홀 버닝에 관한 논문에 파묻힌 나날이 계속되는 중, 도쿄대학교 선단과학(첨단과학)기술연구센터에 재직 중이던 미타 이타루 교수(당시)와 호리에 가즈유키 조교수(당시)에게 권유를 받아 국내 유학을 하게 되었다. 두 선생님의 지도하에 광화학 홀 버닝의 실험을 수행하는 매일을 보냈다. 사실, 미타·호리에 연구실은 고분자화학 연구실이라서 물리공학과 출신의 나는 문외한이었지만, 연구는 매우 순조롭게 진행되어 3년 후에는 학위 논문을 정리하여 박사 학위를 취득했다.

2년간의 국내 유학 후 사회에 돌아와보니, 기초연구 부문이 이바라기현 쓰쿠바시로 이전하여 쓰쿠바연구소가 생겼고 더욱 기초연구에 가까워졌다. 그리고 여기서 나는 초대용량 광메모리의 실용화를 위해 노력했고, 중대하면서 기본적인 문제를 알아챘다. 그것은 아무리 광메모리를 대용량화하더라도 고속으로 읽을 수 없으면 의미가 없다는 것이다.

그래서 광펄스의 조사照射를 이용하여, 물질에서 빛을 방출시켜 서로 다른 빛의 간섭을 이용함으로써 고속으로 정보를 읽을 수 있는 '광자 에코'도 개발하게 되었다. 사실 이 연구들은 지금 생각해보면, 현재 우리가 연구 개발을 진행하고 있는 광양자컴퓨터에 필요한 기술을 이미 사용하고 있었다.

아니, 기술 그 자체였다. 그런 의미에서, 나는 30년 이상에 걸쳐 광양자컴퓨터 연구 개발에 종사해왔다고 할 수 있다.

하지만 광자 에코가 실용화되는 일은 없었다. 그 최대 이유는 광자 에코라는 현상을 일으키기 위해서는 극저온으로 만들어야 했기 때문이다. 당연하지만, 극저온은 일반적인 보급기기에는 적합하지 않다. 현재, 세계 각국에서 연구 개발이 되고 있는 초전도 양자비트 등을 사용한 양자컴퓨터도 극저온으로 만들지 않으면 동작하지 않는다. 우리가 실온에서 동작하는 광양자컴퓨터에 집착하는 이유 중 하나는, 이 시기의 씁쓸한 교훈이 배경에 있기 때문이다.

빛의 입자성을 다루는 한계

1994년 당시, 나는 광메모리 읽기를 고속으로 실행하기 위해서는 빛의 양자역학적 상태를 제어할 필요가 있다고 생각했다. 왜냐하면 광메모리의 용량이 1,000배가 된 경우, 읽기도 1,000배의 속도가 되지 않으면 의미가 없는 것이기 때문이다. 빛으로 더욱 많은 정보를 고속으로 읽으려 하면 정해진 빛의 양으로 많은 정보를 읽기 때문에, 정보 하나하나에 대해 사용할 수 있는 빛의 양이 줄어들어, 궁극적으로 광자 하나가 있고 없고에 따라 0과 1을 판단할 수밖에 없다. 이것이 읽기의 고전물리학적 한계인데, 읽기를 1,000배의 속도로 실행하기 위해서는 이 한계를 넘어설 필요가 있기 때문이다.

그리고 조사를 거듭한 결과, 읽기용 빛의 입자로서의 성질이 아닌 파동으로서의 성질을 이용하면 좋다는 결론에 도달했다. 이것이, 지금 생각하면 광양자 연구의 시작이었다.

앞에서 말한 바와 같이, 빛은 입자이면서 파동이다. 나는 양자역학의 파동성을 이용하여 읽기를 할 수 있다면 입자성이라는 한계를 돌파할 수 있지 않을까 생각한 것이다.

그래서 그를 위한 기초연구를 하고 싶다고 상사에게 말했다. 그리고 당시 쓰쿠바연구소장을 겸임하고 있던 쓰루타 다다오(후에 부사장)에게 전기통신대학교의 다쿠마 히로시 교수(당시)를 소개받고, 나아가 다쿠마 교수가 캘리포니아공과대학교(캘테크)의 제프 킴블 교수에게 추천서를 써주었다. 1996년 봄, 나는 이렇게 캘테크로 사회인 유학을 떠났다.

캘테크라는
터닝 포인트

양자컴퓨터라는 단어는 이전부터 들어왔지만, 내 자신이 그 연구를 본격적으로 시작한 것은 바로 1996년 8월에 캘테크에서 유학했을 때이다. 우연히도 그해에 캘테크에서 양자컴퓨팅의 연구 개발 프로젝트인 'QUIC 프로젝트'가 시작했고, 나는 유학을 계기로 그 프로젝트의 오리지널 멤버가 되었다. QUIC는 quantum information and computation(양자정보와 양자계산)의 앞 글자에서 유래했다.

당시 나는 유학하던 곳에서 양자컴퓨터의 연구 개발에 종사하리라고는 꿈에도 생각지 못했다. 하지만 "새로운 프로젝트가 시작된다. 너는 그 멤버 중 하나다"라고 킴블 교수가 꾸김없는 미소로 맞이해줬고, 정신을 차려보니 단체 사진에 들어가 있었다. 그 사진은 현재도 내 연구실 벽에 소중히 걸려 있다. 그리고 이 일이 그 후의 내 인생을 크게 바꾸는 일이 된 것이다. 지금도 운명적인 만남이었다고 여기고 있다.

내가 캘테크에 간 다음 해인 1997년 일본에서는, 야마이치증권이 경영파탄으로 도산하는 등 경제의 대혼란기였다. 당시에는 인터넷도 지금처럼 쾌적하게 사용할 수 있는 환경이 아니었기 때문에, 나는 신문사의 위성배달판을 구독하는 등 일본에 대한 정보를 모으고 있었다.

안타깝게도 내가 귀국하기 한 달 전인 1998년 8월, 니콘의 쓰쿠바연구소는 폐쇄되었고 나는 돌아갈 곳을 잃어버렸다. 결국, 입사 당시에 소속되었던 곳으로 돌아가게 되었지만 완전히 외톨이가 되어버렸다. 하지만 다행히도, 입사 당시 신세를 진 상사가 부장으로 아직 근무 중이었고, "기왕 미국까지 가서 큰 성과(곧 서술할 완벽한 양자텔레포테이션 실험의 성공)를 올렸으니 연구를 계속하면 어떻겠나?"라고 해서 근근이 연구를 계속할 수 있었다.

하지만 앞으로 계속 기초연구를 해나갈 수 있는 환경이 아니라고 여기고 대학에서 직장을 구했다. 운 좋게 곧 내가 졸업한 도쿄대학교 대학원 공학계연구과 물리공학 전공에서 조교수를 공모해서 망설임 없이 거기에 응모했다. 그리고 다행스럽게 채용되어서 지금에 이르렀다. 사실, 학생 시절에는 연구자가 되겠다든가, 하물며 양자컴퓨터의 연구 개발을 하리라고는 솔직히 꿈에도 생각하지 않았었다.

캘테크에는 오류 정정에 관한 이론을 구축한 존 프레스킬 교수가 있었다. 그는 2018년 3월 14일에 아쉽게도 세상을 떠난 영국의 천재 물리학자 스티븐 호킹 교수와 사이가 좋았다.

호킹 교수는 미국에 올 때마다 프레스킬 교수를 찾아왔다. 프레스킬 교수는 내기를 해서 호킹 교수에게서 티셔츠를 받아낸 적도 있다고 했다.

프레스킬 교수는 원래 양자우주론 연구자이다. 양자컴퓨터에 필수 불가결한 결맞음은 파동으로서의 성질을 가진 양자의 위상의 정렬 정도, 다시 말하면 간섭의 용이성을 표현하는 것이다. 한편, 결깨짐은 외부와의 상호작용으로 인해 위상이 흐트러져서 깨져버리는 것을 말한다. 원래 우주는 빅뱅 전에는 단 하나의 양자였기 때문에, 그것이 폭발해도 주위에는 아무것도 없다. 따라서 외부와의 상호작용에 의해 생기는 결깨짐도 발생할 수가 없다. 즉, 우주 전체는 유니터리 변환 unitary transformation*에 의한 발전이라고 할 수 있다. 그리고 유니터리 변환은 가역 변환이기 때문에 우주는 원래의 하나의 양자로 돌아갈 수 있어야 한다.

프레스킬 교수는 이러한 양자우주론적인 사고를 하는 중에, 깨져버린 상태도 원래대로 돌이킬 수 있어야 한다고 생각

---

* 유니터리 변환이란 양자역학으로 기술되는 계의 좌표를 회전시키는 변환이다. 공간을 예로 들자면, 우리가 사는 3차원 공간은 xyz축으로 표현할 수 있는데, 이 xyz축을 회전하는 변환이 유니터리 변환의 한 종류이다.

하여 오류 정정에 대해 숙고하여 그 이론을 구축한 것이다.

캘테크의 친구들 중에는 프레스킬 교수와 같은 양자우주론의 연구자가 많이 있는데, 요즘은 특히 중력이론과 양자얽힘에 관한 연구를 혼연일체로 진행하고 있다. 우주의 성장 과정을 이야기하는 데 있어서 이제 양자얽힘은 빼놓을 수 없다.

빛으로 빛의 위상을 제어하다

여기서 양자텔레포테이션의 역사를 되돌아보자.

먼저, 1993년에 IBM의 찰스 H. 베넷 박사 그룹에 의해 '양자비트의 양자텔레포테이션'이, 그리고 다음 해인 1994년에 이스라엘의 레프 베이드먼Lev Vaidman 교수에 의해 '양자비트를 포함한 일반적인 양자 상태의 양자텔레포테이션'이 제안되었다.

한편, 내가 유학하기 1년 전인 1995년에는 킴블 교수의 그룹이 아주 작은 2장의 거울 사이에 세슘 원자의 희박한 가스를 도입하는 방법으로 '양자 위상 게이트'의 실험에 성공했다.

양자 위상 게이트란 양자비트인 '신호광' 외에 '제어광'이라는 빛을 준비해서, '제어광의 광자가 있을 때'와 '제어광의 광자가 없을 때'로 양자비트의 위상을 조작하는 것이다. 예를 들어, '제어 광자가 없을 때'는 양자비트를 그대로 통과하고, '제어 광자가 있을 때'는 양자비트의 위상을 180도 바꾸는 등 게이트를 조작하는 것이다.

180도 바꾸는 데는 이유가 있다. 광자를 파동으로서 생각하면 2개의 광자의 위상이 같을 경우는 서로 더해지지만, 한쪽을 180도, 즉 2분의 1 파장만큼 이동시키면 서로 상쇄하도록 간섭시킬 수 있다. 즉, 이 효과에 의해 빛의 스위치를 만드는 것이 가능하다. 이는 양자계산에서 매우 중요한 스위치이다.

킴블 교수 그룹에 의한 실험에서는, 2개의 광자에 대해 한쪽을 양자비트, 다른 한쪽을 제어 광자로 정했다. 그렇게 함으로써, 제어 광자가 있을 때는 양자비트의 위상이 미세하게 바뀌지만, 없을 때는 위상이 바뀌지 않는 제어를 할 수 있다는 것이다. 이것이 양자 위상 게이트의 원리 검증 실험이 되었다.

차일링거 교수 그룹의 양자텔레포테이션 실험

1997년에는 오스트리아 인스부르크대학교의 안톤 차일링거Anton Zeilinger 교수 그룹이, 베넷 박사 그룹에서 제안한 양자비트의 텔레포테이션 실험을 했다. 그 실험 방법은 다음과 같다.

먼저, 양자얽힘 상태에 있는 2개의 광자를 생성한다. 구체적으로는, 자외선 레이저를 비선형 광학 결정에 조사한다. 이때 발생한 2개의 광자 중 광자 A는 앨리스에게, 광자 B는 밥에게 가게끔 빔 스플리터 등을 설치한다. V_1과 V_2는 처음에는 양자얽힘 상태이다. 하지만 바로 편광필터로 일정한 편광 상태만을 선택하기 때문에, 양자얽힘 상태는 해소되어 단독의 광자 V_1이 된다. 여기서 광자 V_2는 V_1의 존재를 증명하기 위해 사용된다.

다음에는, 광자 V_1과 광자 A를 양자얽힘 상태로 만들기 위해 앨리스는 2대의 검출기를 사용하여 2개의 광자의 '벨 측정'을 한다. 2개의 양자로 만든 양자얽힘 상태에는 '0과 0', '0과 1', '1과 0', '1과 1'의 특수한 중첩 상태(벨 상태) 네 가지가 존재한다. 벨 측정이란 그중에서 어느 것에 해당하는지를 측정하는 것으로, 원래 독립적이었던 2개의 양자를 양자얽힘 상태로 만드는 조작을 말한다. 이 경우, 광자 V_1, A라는 2개의 광자의 상대적인 관계, 즉 4개의 벨 상태 중 어느 것인지를 측정하는 것이다.

그리고 앨리스가 벨 측정을 하면 송신하고 싶었던 광자 V_1의 편광 상태와 가까운 상태가 밥의 광자 B에 나타난다. 단, 밥의 광자 B가 광자 V_1과 완전히 같은 편광 상태가 되기 위해서는 고전적인 통신을 사용해 앨리스에게서 벨 측정의 결과를 들어야만 한다.

하지만 이 차일링거 교수의 실험에는 문제가 있었다. 먼저, 양자텔레포테이션의 성공 확률이 1퍼센트보다 훨씬 낮다는 점. 또한, 양자텔레포테이션 그 자체가 성공했는지 아닌지를 검증하기 위해서는 밥이 가진 광자 B를 측정해야만 하는데, 이 측정이 '애초에 얽혀 있던 광자쌍 A, B가 생성됐는지 아닌지'를 검증하는 것도 겸하고 있었다.

양자컴퓨터를 실현하기 위해서는 앨리스에게서 보내져 밥 쪽에서 생성된 양자비트를, 더 나아가 다음 양자텔레포테이션으로 연결하는 공정을 반복해야만 한다. 하지만 차일링거 교수의 방법으로는 '양자텔레포테이션이 성공했는가'를 확인하기 위해서 '앨리스가 밥에게 보낸 양자비트'를 측정해야만 한다. 이로 인해, 양자비트의 중첩 상태는 깨져버려서 다음 양자텔레포테이션으로 연결하는 것이 불가능하다. 이는 양자컴퓨터에 사용할 수 없다는 것을 의미하는 것이다.

또, 양자텔레포테이션에서는 양자얽힘 상태에 있는 2개의 양자가 취할 수 있는 네 가지 벨 상태 중 어느 상태에 있는지를 측정해서, 그 측정 결과를 밥에게 송신하는 것으로써 처음 앨리스가 보내고 싶었던 정보가 밥에게 전달된다.

하지만 차일링거 교수의 양자텔레포테이션 실험에서 사용된 벨 측정에서는 4개의 중첩 상태 전부를 구별할 수는 없고, 미리 예측한 하나의 상태만 분명히 알 수 있었다. 즉, 나머지 3개의 상태에 대해서는 대응할 수 없어서 원리적으로 25퍼센트의 성공 확률이 한계이다.

따라서 연구자들 사이에서 진짜 양자텔레포테이션은 아니라고 여겨졌다.

1998년, 완전한 양자텔레포테이션에 성공하다

한편, 다음 해인 1998년 캘테크에 있던 나는 킴블 교수와 함께, 차일링거 교수와는 완전히 다른 방법으로, 베이드먼 교수가 제안한 양자텔레포테이션 이론의 실험에 도전하여 성공했다. 그리고 이것이 세계 최초의 양자텔레포테이션 사례가 되었다.

차일링거 교수가 편광의 중첩 상태에 있는 하나의 광자를 양자로 취급하여 텔레포테이션을 한 것과 대응하여, 나는 '조임 상태의 빛squeezed light'이라 불리는 상태의 빛을 이용하여 빛의 파동으로서의 성질, 즉 진폭과 위상이라는 두 가지 물리량을 텔레포테이션 했다.

조임 상태의 빛이란 어떤 빛을 2배의 파장, 즉 2분의 1의 주파수로 변환함으로써 2개의 광자가 한 쌍이 되어 날아오는 것이다. 조임 상태란 '압착하다'라는 의미인데, 비선형 광학 결정을 탑재한 '광파라메트릭 발진기optical parametric oscillator'*라는 기기를 사용하여 생성할 수 있다. 광파라메트릭 발진기는 조임 상태의 빛을 발생시킨다는 점에서 '스퀴저squeezer'라고도 불린다.

조금 더 자세히 설명하자면, 불확정성원리에 의하면 위치와 운동량을 동시에 확정하는 것은 불가능하다. 즉, 위치를

---

* 레이저광의 강전계와 물질의 2차의 비선형 응답을 이용하여 파장 가변의 광파를 발생하는 장치를 말한다.

광파라메트릭 발진기

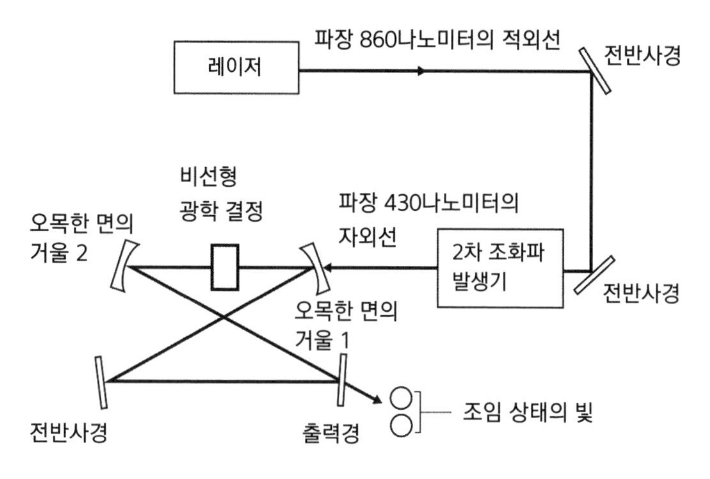

광자가 짝수 개(위 그림에서는 2개의 쌍)인 '조임 상태의 빛'을 발생하는 장치. 레이저광을 2차 조화파second harmonic wave 발생기에서 2배의 주파수로 변환하여 파장이 2분의 1인 430나노미터의 광자를 거울로 둘러싸인 공간 안으로 입사시킨다. 나아가, 내부에 설치한 비선형 광학 결정에 투과시켜서 2분의 1의 주파수(2배의 파장)를 가진 860나노미터의 광자 2개를 생성한다.

생성된 2분의 1의 주파수를 가진 광자는 반사를 반복한 후, 위상이 정렬된 짝수 개의 광자가 조임 상태의 빛이 되어 출력된다.

측정하면 운동량은 정해지지 않고, 운동량을 측정하면 위치는 정해지지 않는다. 빛의 경우도 이와 같아서 두 가지의 켤레 물리량(위치와 운동량처럼 한 쌍이 되어 있는 물리량)을 동시에 확정할 수 없다는 것이 성립한다. 단, 서로 직교하는 2개의 위상 성분, 즉 삼각함수의 사인 성분과 코사인 성분의 어느 한쪽이 불확정성을 희생함으로써 다른 한쪽의 불확정성을 줄일 수 있다. 조임 상태의 빛은 이런 특징을 가진 빛을 말한다.

그러면 여기서, 우리가 세계 최초로 양자텔레포테이션을 성공시킨 핵심을 설명하자. 그것은 무조건적으로 양자얽힘을 생성하는 방법을 찾아낸 것과, 완벽한 벨 측정 방법을 찾아낸 것이다. 본래 벨 측정은 양자얽힘 상태에 있는 2개의 양자가 취할 수 있는 상태 중 하나를 측정하는 수단이지만, 역으로 원래 양자얽힘 상태가 아닌 독립적인 2개의 광자를 벨 측정을 하면 그 두 양자가 마치 원래 양자얽힘 상태에 있었던 것처럼 만들어버린다.

앞에서 말한 오류 신드롬 측정에서는, 오류의 중첩 상태가 수축하여 간단하게 고칠 수 있는 오류만이 남았다. 그와 같이 인과율에 어긋나는 일이 여기서도 일어난다.

또한, 벨 측정에서는 빛의 전자파로서의 성질을 이용하

호모다인 측정

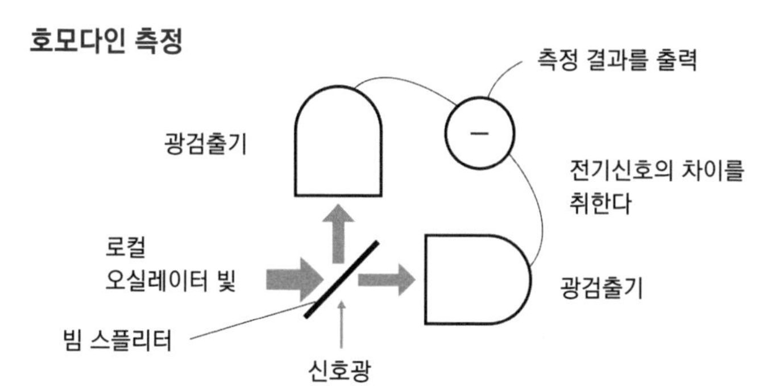

양자텔레포테이션에서 호모다인homodyne 측정이란, 정보를 실은 신호를 보내는 앨리스 쪽에서 측정하여 그 측정 결과를 밥에게 송신함으로써 밥이 양자정보를 재현하는 측정을 말한다. 조금 더 정확하게 이야기하면 2개의 호모다인 측정을 함으로써 앨리스는 벨 측정을 실행한다.

먼저, 정보를 실은 신호광과 더불어, 로컬 오실레이터 빛이라는, 신호광보다 진폭이 큰 강한 빛을 준비한다. 두 빛은 빔 스플리터에서 합쳐지고, 신호광은 간섭에 의해 증폭된다.

이때 측정하고자 하는 위상 성분, 즉 측정하고 싶은 사인 성분이나 코사인 성분 중 어느 한쪽만을 증폭시키게 된다. 신호광의 진폭을 A, 로컬 오실레이터 빛의 진폭을 B라고 하면, 빔 스플리터를 통과한 2개의 빛은

$\frac{(A+B)}{\sqrt{2}}$ 와 $\frac{(A-B)}{\sqrt{2}}$

가 된다.

2개의 빛은 각각 광검출기에서 전기신호로 변환되면 진폭의 제곱이 출력되기 때문에 각각

$\frac{(A+B)^2}{2}$ 과 $\frac{(A-B)^2}{2}$

이 된다. 이 둘의 차이는

$$\frac{(A+B)^2}{2} - \frac{(A-B)^2}{2} = 2AB$$

이기 때문에 신호광의 진폭 A가 로컬 오실레이터 빛의 진폭 B만큼 증폭된다. 신호광이 광자 1개처럼 아주 약한 빛이라도 로컬 오실레이터 빛이 강하다면 증폭해서 검출이 가능해진다.

그리고 이 측정 결과를 일반적인 전달 경로를 사용해서 밥에게 송신한다.

고단샤 블루박스, 『양자얽힘이란 무엇인가』(후루사와 아키라 지음, 2011년)에서 발췌

여, 정보를 가지고 온 빛에서, 원래 정보의 진폭과 위상의 관계를 복원하여 읽어내는 '호모다인 측정'을 이용한다. 호모다인 측정은, 정보를 가진 신호광에 로컬 오실레이터 빛이라는 진폭이 큰 강한 빛을 준비한 후 그 둘을 빔 스플리터로 얽히게 하면서 동시에 증폭시켜서, 빔 스플리터를 통과한 빛의 신호 차이를 광검출기homodyne receiver로 측정하는 것이다. 이 실험의 벨 측정에서는 사인 성분을 측정하는 부분과 코사인 성분을 측정하는 부분, 두 곳에서 호모다인 측정을 이용한다.

앨리스와 밥이 얽힘 상태의 광자쌍 A와 B를 각각 가지고 있어서, 앨리스가 광자 V의 정보를 밥에게 보내고 싶다고 하자. 앨리스가 자신이 가지고 있는 광자 A와 광자 V로 벨 측정을 하면 광자 A와 광자 V는 양자얽힘 상태가 되고 광자 V의 정보는 광자 A에게 전달되어, 이어서 밥이 가지고 있는 광자 B에게 전달된다. 즉, 완전한 양자텔레포테이션이 성립하는 것이다.

맥주 한 잔을 건 실험

여기서, 1998년에 세계 최초의 양자텔레포테이션에 성공했을 때의 뒷이야기를 소개하자.

1996년 8월에 캘테크로 유학을 가고, QUIC 프로젝트의 오리지널 멤버가 되고 1년 정도 지났을 즈음, 킴블 교수가 양자텔레포테이션에 관한 논문을 건네주었다.

원래 베이드먼 교수가 제안한 양자텔레포테이션에 관한 이론은 그것을 토대로 실험을 하기에는 내용이 추상적이었다. 그래서 킴블 교수와 당시 영국의 웨일스대학교에 재직 중이던 새뮤얼 브라운스타인 교수가 실제로 실험을 할 수 있게 베이드먼 교수의 이론을 재구축하고 있었다. 그리고 그 이론을 토대로 실험을 하는 역할을 왠지 내가 담당하게 되어버린 것이다.

그렇다고 해도 처음에는 어떻게 실현해야 할지 아무도 몰라서, 실험실에 있는 장치를 돌리며 이것저것 고안했다. 그리고 어느 날, '아, 이렇게 하면 되겠다'라고 한순간에 완벽한 방법을 생각해냈다. 추상적인 표현을 하자면, 빛이 어떻게 나아가고 싶은지 빛의 기분을 손으로 만지듯 알게 된 것이다. 이것은 논리가 아니었고 인스피레이션(영감)이라고 할 수 있다.

그러던 중 1997년에, 킴블 교수와 애리조나에서 열린 워크숍에 둘이서 참가하게 되었다. 둘이서 저녁을 먹을 때, 나는 "이 실험을 성공시킬 수 있는 완벽한 방법을 찾았다. 3개월이면 된다"라고 선언해버렸다. 이에 대해 킴블 교수가 "그럼, 맥주를 걸자"라고 했고, 나는 물론 동의했다.

그리고 선언한 대로 나는 3개월 후 결과를 가지고 갔다. 그러자 킴블 교수는 "이 결과는 너무 대단하다. 내가 직접 해보지 않으면 믿을 수 없다"라고 했고, 이번에는 킴블 교수와 둘이서 실험을 하게 되었다. 그리고 이 결과를 3주 후에 샌프란시스코에서 열린 양자전자국제회의(IQEC 1998)에서 발표하기로 했다.

사실 당시에 나는 '3주나 있으면 여유 있다'라고 생각했다. 하지만 예상외로 실험이 잘 진행되지 않아 어느새 발표 전날이 되어버렸다. 다급해진 나는 이때 또다시 어느 중요한 사실을 깨달았다. 그리고 기도하는 마음으로 시험해본 결과 성공한 것이다.

'중요한 사실'이란 빛의 위상을 제대로 조정하는 것이었다. 위상을 조정해야 하는 곳은 수십 군데에 달했다. 각각을

메이커스

정식 한국어판 大人の科学 韓国語版

vol.1

70쪽 | 값 48,000원

천체투영기로 별하늘을 즐기세요!
이정모 서울시립과학관장의
'손으로 배우는 과학'

make it! **신형 핀홀식 플라네타리움**

vol.2

86쪽 | 값 38,000원

나만의 카메라로 촬영해보세요!
사진작가 권혁재의
포토에세이 사진인류

make it! **35mm 이안리플렉스 카메라**

vol.3

Vol.03-A 라즈베리파이 포함 | 66쪽 | 값 118,000원
Vol.03-B 라즈베리파이 미포함 | 66쪽 | 값 48,000원
(라즈베리파이를 이미 가지고 계신 분만 구매)

라즈베리파이로 만드는
음성인식 스피커

make it! **내맘대로 AI스피커**

vol.4

74쪽 | 값 65,000원

바람의 힘으로 걷는 인공 생명체
키네틱 아티스트
테오 얀센의 작품세계

make it! **테오 얀센의 미니비스트**

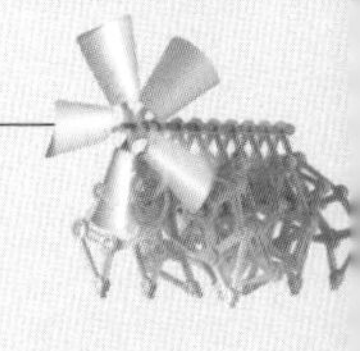

vol.5

68쪽 | 값 218,000원

사람의 운전을 따라 배운다!
AI의 학습을 눈으로 확인하는
딥러닝 자율주행자동차

make it! **AI자율주행자동차**

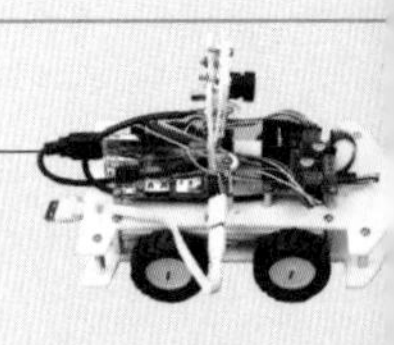

양자텔레포테이션 실험

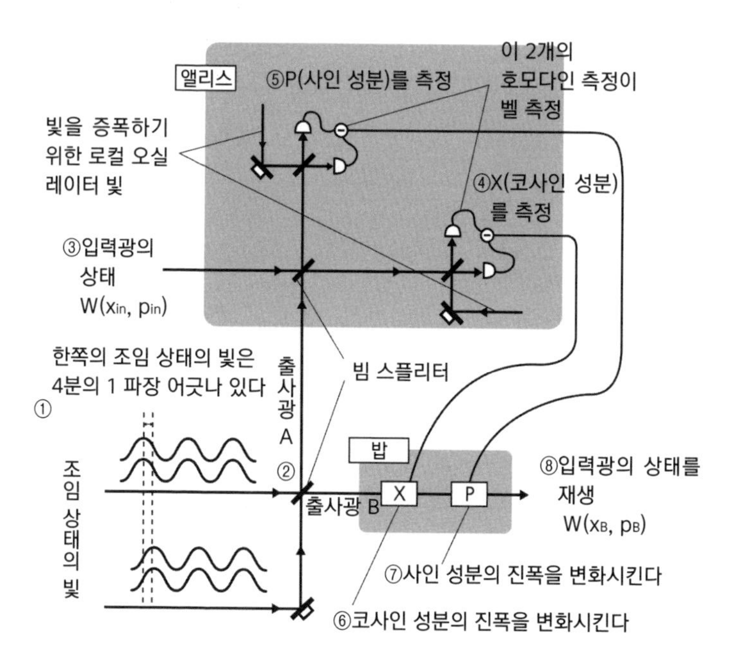

필자가 실행한 양자텔레포테이션 실험의 배치 개요.

①짝수 개의 광자들의 흐름인 조임 상태의 빛 2개를 4분의 1 파장 어긋나게 빔 스플리터에 동시에 입사.

②양자얽힘 상태가 된 출사광 A를 앨리스에게, 출사광 B를 밥에게 송신.

③코사인 성분이 x_{in}, 사인 성분이 p_{in}인 입력광 W를 출사광 A와 합류. ④에서 X(코사인 성분)를, ⑤에서 P(사인 성분)를 측정. 이 2개의 측정으로 벨 측정이 구성된다. 각각의 측정 결과 정보를 일반적인 경로로 밥에게 송신한다.

⑥과 ⑦에서, 밥은 앨리스에게서 받은 코사인 성분과 사인 성분의 정보를 토대로 출사광 B를 조작한다.

⑧입력광의 상태를 재생한 W를 출력.

고단샤 블루박스, 『양자텔레포테이션』(후루사와 아키라 지음, 2009년)에서 발췌

손잡이를 이용해서 조정해나가는 것인데, 처음에 혼자 실험했을 때는 깊게 생각하지 않고 적당히 위상을 조정했음에도 불구하고 실험이 성공해버려서, 이 중에서 어떤 손잡이의 조정이 열쇠가 되었는지에 대해서는 생각이 미치지 못했다. 하지만 시간이 압박해 오는 중에 중요한 손잡이의 조정을 제대로 하지 않았다는 것을 깨달은 것이다. 그리고 다시 조정하자마자 훌륭하게 양자텔레포테이션에 성공했다.

그 순간, 킴블 교수와 강하게 악수를 나눴다. 그때의 기억은 지금도 절대 잊지 못한다.

하지만 이미 발표 당일 오전 0시를 지나고 있었다. 그래서 가까이 있던 학생에게 발표용 자료 작성을 맡기고 일단 귀가한 후, 오전 4시에 킴블 교수와 둘이서 캘리포니아 패서디나의 집에서 출발했다. 그리고 부탁한 발표 자료를 학생에게 받아서 샌프란시스코의 회장으로 가는 비행기에 탑승했다.

IQEC의 회장에는 겨우겨우 발표 2시간 전에 도착할 수 있었다. 회장에는 양자텔레포테이션에 관한 이론을 구축한 브라운스타인 교수가 우리가 실험에 실패했다고 생각하고, 자신의 이론을 발표하기 위한 준비를 하고 걱정하면서 대기하고 있었다. 킴블 교수는 브라운스타인 교수를 보자마자 그의 목을 조르며 "네 이론이 별로라서 이렇게 고생한 거야"라고 웃으며 소리쳤다. 발표가 무사히 끝나고 한숨 돌리고 있을 때 킴블 교수는 "아직 너한테 맥주를 안 샀네"라며 밥을 사주었다. 킴블 교수와는 지금도 가끔 만나지만 그때마다 꼭 이때의 이야기가 화제에 오른다. 이 추억은 나에게 있어서 일생의 보물이 되었다.

그렇지만 발표 회장에서의 청중의 반응은 여우에게 홀린 듯이 조용했다. 또한, 질의응답에서도 제대로 된 질문은 없었다고 기억하고 있다.

한편, 내가 통감한 것은 미국인의 뛰어난 마케팅이었다. 킴블 교수는 "무언가에 성공하면 먼저 언론사에 가라"라고 가르쳤다.

실제로, IQEC에서 발표하기 전에 킴블 교수가 제일 먼저 한 것은 IQEC 회장의 언론사룸에 미디어를 불러 모아서 "우리는 양자텔레포테이션에 성공했다"라고 발표한 것이다. 이때, 좋은 의미로도 나쁜 의미로도 소극적인 일본인과의 마인드의 차이에 통감했다.

지금은 인터넷 덕분에 뉴스가 순식간에 전 세계로 전해지지만, 인터넷이 보급되기 전에는 인구밀도가 낮은 미국에서 자신의 연구 성과를 널리 어필하기 위해서는 미디어의 힘을 잘 활용해야 했다. 이 때문인지 미국인은 어렸을 때부터 마케팅이나 프레젠테이션에 관한 교육을 받는다고 한다.

IQEC에서의 발표 후, 실험 결과를 논문으로 마무리 짓고 1998년 9월에 일본으로 귀국했다. 로이터 통신사를 시작으로 각 미디어에서 취재를 받는 등 상황이 분주해진 것은 귀국 후 같은 해 10월에 논문이 발행된 후부터였다. 그리고 '완벽한 양자텔레포테이션의 성공'은 과학 논문지 《사이언스》가 정한 1998년의 10대 성과 중 하나로 뽑혔다. 그중에는 2015년에 '뉴트리노 진동의 발견'으로 노벨 물리학상을 수상한 도쿄대학교 가지타 다카아키 교수 등의 결과도 포함되어 있었다.

또한, 영화 〈쥬라기 공원〉의 원작자인 SF 작가 마이클 크라이튼이 이 양자텔레포테이션의 실험을 힌트로 1999년에 『타임라인』이라는 SF 소설을 쓴 것은 내가 생각지도 못한 일이었다.

2004년, 3자 간 양자얽힘 상태의 양자텔레포테이션 네트워크에 성공하다

1998년 8월에 세계에서 최초로 양자텔레포테이션에 성공한 나는 의기양양하게 그해 9월에 귀국했다. 하지만 앞에서 말했듯, 유학하는 동안 일본에서는 경기가 급속히 악화하여 이전에 속해 있던 니콘의 쓰쿠바연구소는 약 한 달 전인 8월에 이미 폐쇄되었고, 2000년에 나는 모교인 도쿄대학교 대학원 공학계연구과 물리공학 전공의 조교수가 되었다. 그리고 2004년에 실험에 성공한 것이 3자 간 양자얽힘에 의한 양자텔레포테이션 네트워크이다.

1998년의 실험이 2자 간 양자텔레포테이션이었던 것에 비해, 3자 간 양자텔레포테이션에 성공한 것의 의미는 아주 크다. 왜냐하면 3자 간에서 양자텔레포테이션이 가능해지면서 처음으로 네크워크를 형성할 수 있기 때문이다. 인터넷과 마찬가지로 셋은 네트워크를 구성할 수 있는 최소 단위이다.

다자간의 양자얽힘을 생성해 그것을 판단하는 방법에 관해서는 영국의 피터 반 루크Peter van Loock 박사(당시)를 일본에 초대하여 2003년에 공동으로 새로운 이론을 구축했다. 현재 그 이론은 '반 루크-후루사와의 판정 조건'이라고 불리고 있다. 앞에서 소개했듯이, 양자텔레포테이션의 이론을 구축했던 연구자 중 한 명으로 캘테크의 동료인 브라운스타인 교수가 있었는데, 3자 간 양자얽힘을 생성하기 위한 이론은 이미 브라운스타인 교수와 당시 브라운스타인 교수의 학생이었던 반 루크 박사가 논문을 발표했었다. 그래서 브라운스타인 교수에게 "함께 이론을 구축하지 않겠느냐" 하고 이메일을 보냈을 때, "지금은 바쁘니 반 루크를 보내겠다"라고 말하며 보내온 사람이 바로 반 루크 박사였던 것이다. 이 '반 루크-후루사와의 판정 조건'으로 다자간의 양자얽힘 상태를 판단하는 법을 얻은 것이, 뜻밖에도 제6장에서 소개할 대규모 양자얽힘 생성법 '시간영역다중'의 실현에 크게 작용한다.

나는 처음 단계부터 양자텔레포테이션에 의한 네트워크를 염두에 두고 있었기 때문에, 이 실험의 성공은 대규모 양자컴퓨터와 양자네트워크의 실현을 향한 큰 한 걸음이 되었다. 또한 1998년의 실험은 나 혼자서 한 것이지만, 2004년의 이 실험은 도쿄대학교로 이적한 후 처음으로 학생과 함께 한 것이었다. 실제로 실험을 성공시킨 것은 학생이었기 때문에 그 기쁨은 더욱 컸다.

2개의 양자가 얽혀 있는 상태를 1935년에 알베르트 아인슈타인, 보리스 포돌스키, 네이선 로젠의 3명이 공동으로 발표한 논문에서 연유하여 'EPR 상태'라고 부르는 것에 대응하여, 3개의 양자가 얽혀 있는 상태는 'GHZ 상태'(대니얼 그린버거, 마이클 혼, 안톤 차일링거에서 연유)라고 불린다.

2자 간과 3자 간의 물리적 차이는 다음과 같다. 2자 간 양자얽힘의 경우, 2개의 광자가 하나씩 팔을 뻗어 악수를 하는 것과 같은 데 비해, 3자 간 양자얽힘의 경우가 되면 다른 방향으로 2개의 팔이 뻗어 있지 않으면 실현이 불가능하다는 점이다. 또한, 2자 간의 경우, 2개의 광자가 얽혀 있는지 아닌지의 두 가지 경우밖에 없다. 하지만 3자 간 양자얽힘에서는 이야기가 크게 달라진다. 예를 들어, A, B, C의 경우, A와 B, A와 C는 얽혀 있지만, B와 C는 얽혀 있지 않는 등 양자얽힘 상태가 한순간에 복잡해진다.

실험 성공의 핵심

3자 간 양자텔레포테이션 네트워크의 구체적인 실험 내용은 다음과 같다.

먼저, 송신자 앨리스, 수신자 밥, 제어자 클레어라는 대등한 입장의 3명이 있고, 각각이 양자얽힘 상태에 있는 광자 A, 광자 B, 광자 C를 가지고 있다. 앨리스는 자신이 보내고 싶은 정보를 가진 광자 X와 자신이 가진 광자 A를 벨 측정을 통해 얽히게 한다. 클레어도 자신이 가지고 있는 광자 C의 정보를 측정한다. 밥은 앨리스와 클레어가 양쪽에서 보내온 측정 결

3자 간 양자텔레포테이션 네트워크 실험

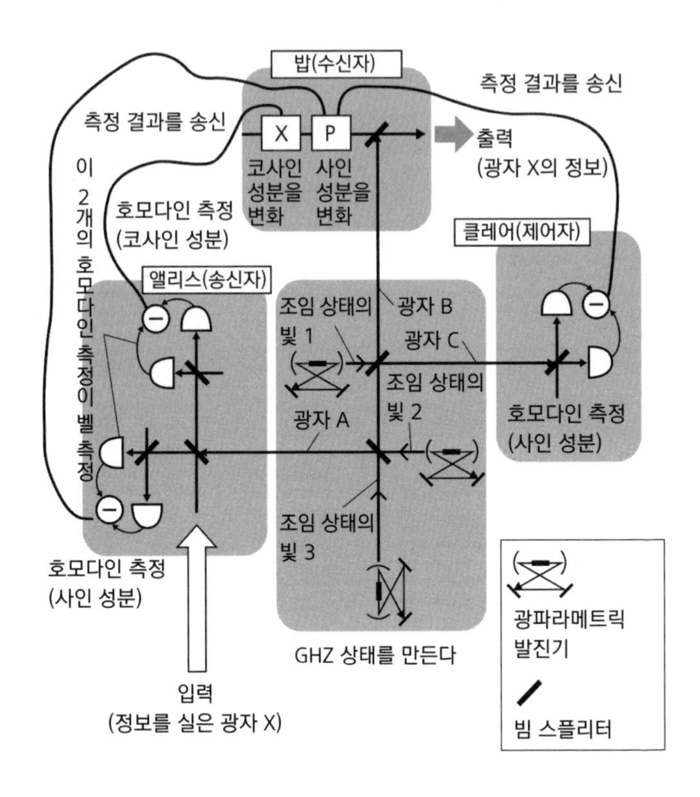

3개의 조임 상태의 빛을 2개의 빔 스플리터로 합류시켜, GHZ 상태(3자 간 양자얽힘 상태)인 광자 A, B, C를 만들어서 앨리스, 밥, 클레어가 공유한다.
앨리스는 자신이 가진 광자 A와 정보를 실은 광자 X를 한 번 더 얽히게 한 후, 벨 측정에 상응하는 2개의 호모다인 측정을 실행하여 그 측정 결과를 밥에게 송신한다.
클레어도 자신이 가진 광자 C를 호모다인 측정을 하여 측정 결과를 밥에게 송신한다.
밥이 앨리스와 클레어에게서 받은 측정을 토대로 자신이 가진 광자 B를 조작하면, 입력된 광자 X에 실린 정보가 광자 B에게 옮겨져 출력된다.

고단샤 블루박스, 『양자텔레포테이션』(후루사와 아키라 지음, 2009년)에서 발췌

과 데이터를 바탕으로 광자 B를 조작하여 앨리스가 보낸 송신 정보인 광자 X의 정보를 재생한다.

3자 간 양자텔레포테이션 네트워크에 성공할 수 있었던 핵심은 1개의 광자를 3개로 나누는 것에 상응하는 조작이 가능했다는 것이다.

3자 간 양자얽힘의 양자텔레포테이션에 성공한 것으로 인해, 만약 4자 간이나 5자 간으로 숫자가 늘어나더라도 같은 실험이 실현 가능하다는 자신이 생겼다. 하지만 그만큼 조임 상태의 빛을 발생시키는 스퀴저나 빔 스플리터를 늘려가야 하기 때문에 장치가 점점 거대해지는 것이 염려되었다. 대규모 계산을 할 수 있는 광양자컴퓨터를 만든다면 장치 자체도 점점 대규모가 되어버리고 만다. 솔직히 말해서, 이런 방식으로는 장래성이 없다고 느끼고 있었다.

제5장

난제 타개의 포석

2009년, 9자 간 양자얽힘 상태의 제어에 성공하다

2009년에는 9자 간 양자얽힘에 관한 실험을 진행했다. 그 목적은 양자 오류 정정의 실증이었다. 이 실험에 의해 세계에서 최초로 9자 간 양자얽힘 상태를 생성함과 동시에, 9자 간 양자얽힘을 이용하여 양자 오류 정정이 가능하다는 것을 보이는 데도 성공했다.

양자 오류 정정이란 이미 설명한 바와 같이, 입력된 양자 상태에 대해 출력 단계에서 올바른 상태로 정정하는 것을 말한다. 이론적으로는, 9개의 양자비트 중에서 임의의 1개에서 오류가 발생하더라도 9개의 빛이 모두 모인다면 복원 가능하다는 것을 1998년에 캘테크의 브라운스타인 교수가 보였다.

9자 간 양자얽힘을 만들기 위해서는 입력광뿐만 아니라 입력광의 오류를 정정하기 위한 보조 입력인 조임 상태의 빛을 동시에 8개 생성한다. 그리고 빔 스플리터를 사용하여, 생성한 8개의 조임 상태의 빛과 입력광을 적당한 위상 관계를 가지고 더함으로써 도합 9자 간 양자얽힘 상태를 만들었다.

9개의 빛의 위상을 더하는 것은 상당히 어려웠지만 이것만은 끈기와 노력과 뚝심으로 해결했다. 양자얽힘 상태의 양자의 수를 늘리면 늘릴수록 모든 빛의 상대적 위상을 완벽하게 더해야만 한다. 조절해야 하는 매개 변수의 수는 지수함수로 늘어가기 때문에 난이도도 당연히 지수함수처럼 증가해 간다.

위상을 더한다는 것은, 즉 매우 정밀하게 빛의 거리를 더해가는 것과 같다. 사용하고 있는 빛의 파장은 860나노미터(나노는 10억 분의 1)로, 그 파장의 약 100분의 1의 정확도로 거리를 맞춰줘야만 했다.

빛은 아무것도 하지 않으면 직진하기 때문에 회로를 구성하기 위해서는 많은 거울, 그리고 그것들을 고정시킬 거울 마운트가 필요하다. 하지만 거울 마운트는 육안으로는 알 수 없지만 미세하게 진동하고 있다. 또한, 바람이 분 것만으로도 공기가 움직이기 때문에 빛은 항상 그 영향을 받는다. 그로 인해 광로 길이optical path length*는 변하고 마는 것이다.

그래서 조금이라도 광로 길이가 변할 경우에는 그 오류를 검출하는 '오류 검출기'를 개발했다. 또한, 검출한 오류 신호를 가지고 피드백 제어를 걸어서 원래대로 돌릴 수 있는 전기

---

* 주어진 두 점 사이를 빛이 이동하는 데 걸리는 시간 동안, 빛이 진공에서 광속도로 진행할 때의 경로 길이를 말한다.

다자간 양자얽힘의 패턴

EPR 상태(2자 간 양자얽힘)

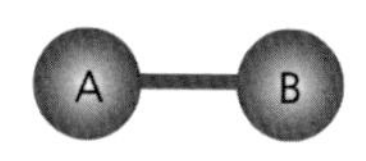

기본 양자얽힘. 1935년에 알베르트 아인슈타인, 보리스 포돌스키, 네이선 로젠이 공동으로 발표한 논문에서 기인했다. 그들이 "공간적으로 떨어진 2개의 양자에서 한쪽을 측정한 영향이 순식간에 다른 한쪽에 미친다는 것은 이상하다"라고 주장한 점에서 'EPR 패러독스'라고 불렸으나, 훗날 실험으로 증명되었다.

GHZ 상태(3자 간 양자얽힘)

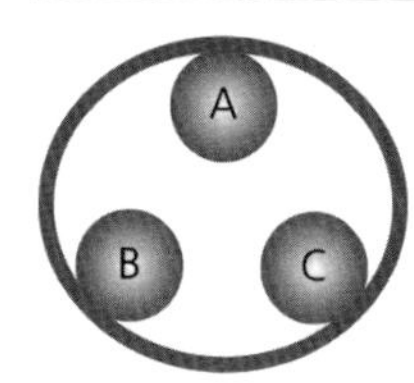

3자 간에 의한 양자얽힘 상태. 1989년에 대니얼 그린버거, 마이클 혼, 안톤 차일링거가 제안한 것에서 기인했다.
어떠한 양자도 인접한 양자끼리는 얽혀 있지 않지만, 전체 3개의 양자가 하나의 양자얽힘 상태가 된다.
3자 간에서 얽혀 있다는 것은 양자네트워크의 최소 단위가 성립했다는 의미이다.

저자 그룹이 만든 9자 간 양자얽힘

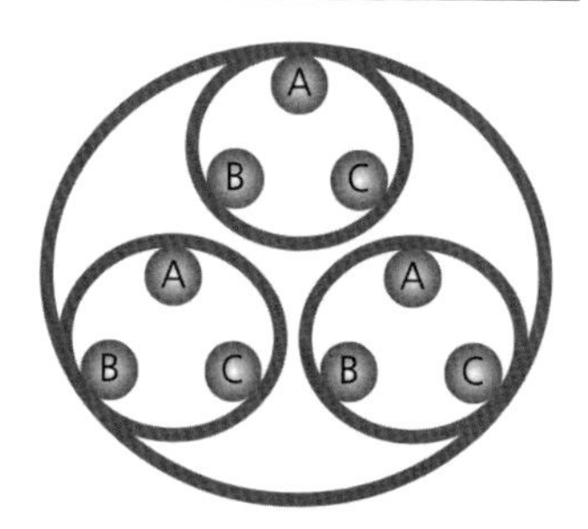

GHZ 상태인 3개의 양자가 또다시 GHZ 상태를 만들고 있다. 2009년의 성과이다.

고단샤 블루박스, 『양자텔레포테이션』(후루사와 아키라 지음, 2009년)에서 발췌

회로도 개발했다

이 실험의 어려움을 접시돌리기에 비교하면 조금이나마 상상할 수 있지 않을까. 접시돌리기도 접시가 하나라면 어느 정도 연습을 하면 할 수 있을 것이다. 하지만 동시에 돌리는 접시의 수가 2개, 3개, 4개, …로 늘어간다면 어떨까. 9자 간 양자얽힘 실험은 그야말로 9개의 접시를 동시에 돌리는 것과 같은 어려움이었다.

9개의 접시를 동시에 돌리고 있는 와중에 '이 접시가 조금 기울었어!'라는 사실을 오류 신호를 토대로 오류 검출기가 감지한다. 그러면 전기회로를 사용하여 접시의 기울기를 정상 상태로 되돌린다. 이런 피드백 제어를 걸어놓은 곳은 50개에 달한다. 9자 간 양자얽힘 상태의 제어는 빛의 실험이 약 40퍼센트, 전기회로에 의한 피드백 제어 실험이 약 60퍼센트 정도였다고 생각한다.

일본인이기에 할 수 있는 실험

돌이켜보면 2009년 당시는 아직 양자컴퓨터의 세계적인 연구 개발 경쟁이 격하지 않아서 자신이 원하는 대로 연구를 진행할 수 있었던 평화로운 시대였다. 그러던 중 9자 간 양자 얽힘의 복잡한 실험 장치는 과학 잡지 《네이처》에 사진과 함께 소개되었다. 미국 물리학자로, 레이저를 이용한 정밀 분광법 발전에 대한 공헌으로 2005년에 노벨 물리학상을 수여한 존 홀 교수도 이 실험을 보고 자신도 모르게 "미쳤군!"이라고 외칠 정도였다. 우리 외에 이러한 실험을 수행할 수 있는 연구자는 세계 어느 곳에도 없었고 지금까지도 나타나지 않았다.

그리고 나는 '이런 일이 가능한 것은 일본인 정도겠구나'라고 생각했다. 일본인의 선조는 논에 줄을 대고 하나하나 정해진 위치에 정확히 모를 심었던 농민 민족이다. 성실하고 손재주가 있으며 끈기가 있다. 그렇기 때문에 이렇게 모를 심는 것과 같은 끈기를 요구하는 실험은 일본인밖에 할 수 없다고 느낀 것이다.

한편, 일본인은 너무 견실하다는 약점이 있다. 1996년 캘테크에 있을 때 가장 놀란 사실은 미국인의 유연성이나 천진난만한 점이었다. 일본인의 경우, 장치를 사용할 때에는 먼저 매뉴얼을 꼼꼼히 읽는데, 예를 들어 '손잡이는 이 이상 돌리면 안 된다'라고 쓰여 있으면 그것을 충실히 지키려 한다. 하지만 미국인은 매뉴얼을 전혀 읽지 않고 아무렇지 않게 한계치의 3배 이상 손잡이를 돌리곤 한다. 그로 인해 장치가 망가지더라도 '망가졌다!'라고 웃으며 즐겁게 실험을 하곤 했다. 야구에 비유하자면 일본인이 번트로 확실하게 점수를 따려고 하는 것에 비해, 미국인은 언제나 천진난만하게 풀스윙을 하는 듯한 느낌이다. 그리고 그로 인해 때때로 엄청난 홈런을 치고는 하는 것이다.

일본인은 스스로 한계를 정해버리기 일쑤이고, 정해진 것은 지키려고 하지만 역으로 그로 인해 작은 우물에 갇히기 쉽다. 번트의 자세에서 홈런은 절대 나올 수 없다.

2011년, 슈뢰딩거의 고양이 상태의 양자텔레포테이션에 성공하다

2009년의 실험을 통해 '노력으로 해결할 수 있는 건 9자 간까지다'라고 통감했다. 이 실험의 성공을 기점으로 큰 방향 전환을 하기로 결단했다.

실은 2005년 즈음부터 다자간 양자얽힘의 한계를 예측하고, 광펄스를 이용한 '시간영역다중'의 연구 개발을 시작했다. 시간영역다중에 대해서는 제6장에서 자세히 설명하겠지만 그 최초의 실험 결과가 2011년에 진행한 '슈뢰딩거의 고양이 상태의 양자텔레포테이션'이다. 이 연구에는 약 5년의 시간이 걸렸다.

제1장에서 소개한 대로, 슈뢰딩거의 고양이란 살아 있는 상태와 죽어 있는 상태의 중첩 상태에 있는 고양이가 관측으로 인해 살아 있는지 죽어 있는지가 정해진다는 것이다.

한편, 원자나 광자와 같이 미시적인 세계에서 나타나는 중첩 상태가 고양이와 같이 거시적인 세계에서도 일어나는지 아닌지는 물리학자에게 있어서 오랜 시간이 걸리는 중요한 주제였다. 우리는 이런 거시적인 세계의 중첩 상태를 '슈뢰딩거의 고양이 상태'라고 부른다.

원래 1개의 광자라는 것은 양자의 세계이기 때문에 그곳에서 중첩 상태를 만든다고 해도 슈뢰딩거의 고양이라고는 불리지 않는다. 훨씬 많은 수의 양자가 있는 거시적인 중첩 상태가 슈뢰딩거의 고양이 상태인 것이다.

우리의 실험에서는 고양이가 '살아 있는 상태'와 '죽어 있는 상태'의 중첩 상태를 위상이 반대인 거시적인 광펄스의 중첩으로 표현하는 것을 시도했다. 먼저 광파라메트릭 발진기에서 생성한 조임 상태의 빛에서 광자 1개를 '빼는' 조작을 실행하는데, 이를 위해서 빛을 97퍼센트 통과시키고 3퍼센트 반사시키는 거울에 조임 상태의 빛을 입사시킨다. 3퍼센트를 반사시키는 것은 원리상의 이유로, 이 조건에서 검출기가 광자를 검출하면 그 광자가 1개일 확률이 아주 높기 때문이다.

조임 상태의 빛은 짝수, 즉 0개, 2개, 4개, …의 광자의 흐름이기에, 검출기가 광자를 1개 관측했다면 광자가 0개 상태인 확률을 제거할 수 있다. 이때, 광자가 1개 '빠진' 홀수 개의 광자의 흐름은 위상이 반대인 2개의 파동으로 표현되며, 그들은 중첩 상태로 동시에 존재한다.

고전역학적으로 생각하면 위상이 반대인 파동은 서로 상쇄하기 때문에 없어진다. 하지만 여러 개의 광자로 구성된 거시적인 빛의 파동에서도 중첩 상태가 성립한다면, 서로 반대의 위상을 가진 거시적인 광펄스들이 서로 상쇄하지 않고 거울에 비친 듯이 양쪽 모두 남게 된다. 또한 거시적인 영역이라고는 하지만, 그곳에서는 고전역학으로는 생각할 수 없는 양자역학적 간섭이 일어나서 광자 1개가 '빠지고' 광자 0개의 확률이 없어졌기 때문에, 반대의 위상을 갖고 중첩 상태에 있는 양쪽 파동의 중앙 부분이 없어진 상태가 된다.

슈뢰딩거의 고양이 상태의 생성

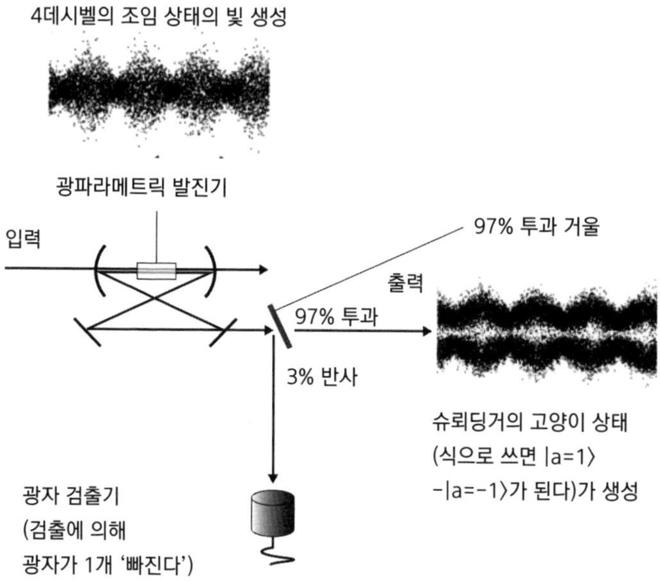

4데시벨의 조임 상태의 빛 생성

광파라메트릭 발진기

입력

97% 투과 거울

출력

97% 투과

3% 반사

슈뢰딩거의 고양이 상태
(식으로 쓰면 $|a=1\rangle$
$-|a=-1\rangle$가 된다)가 생성

광자 검출기
(검출에 의해
광자가 1개 '빠진다')

광파라메트릭 발진기에서 4데시벨의 조임 상태의 빛(짝수 개의 광자의 흐름)을 생성한다. 그 조임 상태의 빛을 97퍼센트 투과하고 3퍼센트 반사하는 거울에 입사시키면, 3% 반사한 빛은 광자 검출기를 향한다.
광자 검출기에서 광자 1개가 검출되면 광자 1개가 '빠진다'.
그러면 투과한 조임 상태의 빛은 그 영향을 받아 홀수 개의 광자의 흐름인 '슈뢰딩거의 고양이 상태'가 생성된다.
조임 상태의 빛은 광자가 0개, 2개, 4개, …라는 짝수 개 광자의 흐름인데, 광자 1개가 '빠짐'으로써 광자 0개의 상태에 있던 확률이 사라진다. 출력된 광펄스는 위상이 반전된 2개의 파동이 중첩되어 있는데, 광자가 0개인 확률이 사라졌기 때문에 파동의 가운데 부분이 없어진다.

고단샤 블루박스, 『'슈뢰딩거의 고양이'의 패러독스가 풀렸다!』
(후루사와 아키라 지음, 2012년)에서 발췌

슈뢰딩거의 고양이 상태를 양자텔레포테이션 할 수 있는가

1998년부터 진행해온 양자텔레포테이션 실험에서는 광자의 진폭과 위상을 전송했다. 그렇다면 이 슈뢰딩거의 고양이 상태라는 거시적인 광펄스의 중첩 상태를 이 방법으로 양자텔레포테이션 시킬 수는 없을까.

그래서 양자텔레포테이션의 순서에 따라, 먼저 양자얽힘 상태에 있는 빛을 앨리스와 밥에게 보내고, 앨리스가 슈뢰딩거의 고양이 상태에 있는 광펄스와 자신이 가지고 있는 얽혀 있는 2개의 빛 중 한쪽을 벨 측정에 의해 얽히게 만들어서 그 측정 결과를 밥에게 보냈다. 그로 인해 슈뢰딩거의 고양이 상태는 앨리스가 가지고 있는 빛으로 전해지고, 더 나아가 얽혀 있는 2개의 빛 중 밥이 가진 다른 한쪽으로 전해지는 것이 확인된 것이다.

우리는 광자라는 미시적인 세계만이 아닌, 광펄스라는 거시적인 세계에서도 양자텔레포테이션이 실현 가능하다는 것을 세계에서 최초로 입증한 것이다.

이 일련의 실험은 기초과학에 있어서 두 가지 큰 의의를 가지고 있다. 그것은 1935년에 슈뢰딩거가 의문을 던진 슈뢰

슈뢰딩거의 고양이 상태의 양자텔레포테이션 실험

실험 개요

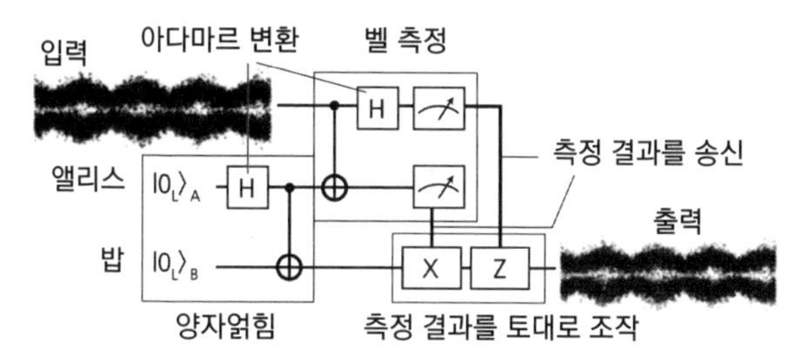

실험에서는, 홀수 개 광자의 중첩 상태인 슈뢰딩거의 고양이 상태(식으로 쓰면 $|a=1\rangle - |a=-1\rangle$)를 양자텔레포테이션 시켰다.

앨리스와 밥이 가지고 있는 양자비트 $|0_L\rangle_A$, $|0_L\rangle_B$는 조임 상태이고, 광자 1개 단위의 $|0\rangle$ 또는 $|1\rangle$의 상태와 구별하기 위해 'L'을 붙였다.

또한 'H'로 표시된 '아다마르Hadamard 변환'은 하나의 양자비트에 양자 조작을 가하는 것인데, 여기에서는 그다지 중요시하지 않아도 된다.

보통의 양자텔레포테이션과 같이 앨리스와 밥은 양자얽힘 상태인 광펄스를 가지고 있다.

앨리스가 가지고 있는 얽혀 있는 한쪽의 광펄스와, 송신하고 싶은 슈뢰딩거의 고양이 상태의 광펄스를 벨 측정을 해서 그 결과를 밥에게 보낸다(밥은 그 측정 결과를 토대로 자신의 양자비트를 조작한다).

그러자 다음 그림처럼, 입력한 슈뢰딩거의 고양이 상태는 기본적인 구조를 유지한 채로 출력되었다.

실험 결과

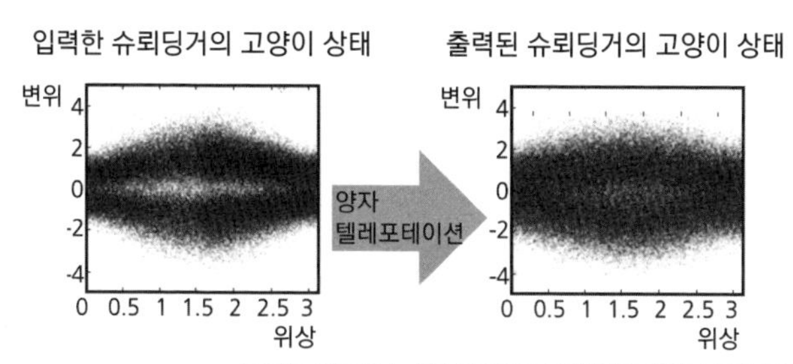

고단샤 블루박스, 『'슈뢰딩거의 고양이'의 패러독스가 풀렸다!』
(후루사와 아키라 지음, 2012년)에서 발췌

딩거의 고양이 패러독스와, 아인슈타인 등이 제창한 EPR 패러독스라는, 양자역학의 여명기에 등장한 2대 패러독스에 대한 해답을 21세기의 기술을 사용해서 (실험실) 테이블 위에서 동시에 확인한 것이다. 20세기 전반에 제시된 이 두 가지 사고실험은 당시 고도의 실험 기술이 없었기 때문에 실증되지 못했지만, 지금 우리는 그것을 실현할 수 있는 21세기 기술을 가지고 있는 것이다.

이 실험의 성공은 미국, 오스트리아, 러시아 등 세계 각국의 TV에서 대대적으로 보도되었다. 하지만 발표한 시기가 2011년 4월로, 일본은 동일본 대지진의 피해와 도쿄전력 후쿠시마 제1원자력발전소의 폭발사고가 한창일 시기여서 이런 보도를 할 때가 아니었기에 보도되지 않았다.

사실, 나에게 있어서 슈뢰딩거의 고양이 상태의 양자텔레포테이션은 오랜 소원이었다. 캘테크에서 유학하던 1998년 당시, 나는 킴블 교수와 브라운스타인 교수가 발표한 논문 안에서 슈뢰딩거의 고양이 상태의 양자텔레포테이션에 관한 이론 계산의 기술記述을 발견했다. 그때부터 나는 '이것을 실현하면 영웅이 되겠다'라고 계속 생각해왔다. 그리고 그 꿈을 13년 걸려서 드디어 실현한 것이다.

중력파 관측에도 공헌한
조임 상태의 빛을 개발하다

이 실험을 성공시키기 위해서는 많은 기술 개발이 반드시 필요했다.

먼저 첫 번째로, 조임 상태의 빛의 레벨, 즉 조임 정도의 향상이었다. 여기에서의 조임 상태의 빛은 이미 곳곳에서 소개했듯이 짝수 개의 광자 흐름으로, 광펄스를 비선형 결정에 조사하면 2개의 광자가 양자얽힘 상태인 조임 상태의 빛으로 변환된다.

조임 정도는 로그함수에 기반한 데시벨dB이라고 하는 단위로 나타낸다. 이 조임 정도가 높으면 높을수록 광자의 개수가 짝수인 경우가 많아진다. 즉, 0, 2, 4와 같은 작은 짝수에서부터 10, 12 등 더 큰 짝수까지 포함하게 된다. 반대로, 조임 정도가 낮은 경우에는 슈뢰딩거의 고양이 상태의 양자텔레포테이션을 실현하는 것은 불가능하다.

사실, 1991년에 6데시벨의 조임 상태의 빛을 만들 수 있다는 것은 확인되었지만, 그 후 이 수치가 경신된 적이 없었다. '이론상 6데시벨 이상은 만들 수 없다'라고 이야기하는 논문마저 발표되었을 정도이다. 하지만 6데시벨 정도로는 슈뢰딩거의 고양이 상태를 보낼 수 없다는 것은 알려져 있었다. 1998년에 우리가 한 실험에서도 4데시벨의 조임 상태의 빛밖에 사용할 수 없었다.

나는 오랫동안 조임 정도가 향상되지 못하는 이유에 대해 계속 생각했다. 그리고 조임 정도를 높이기 위한 실험을 끊임없이 지속해갔다.

당시는 경기가 좋기도 해서 세계 각지에서 비선형 광학 결정을 사 모았다. 그즈음 사용한 것은 니오브산칼륨($KNbO_3$)이라는 물질로 만들어진 비선형 광학 결정이었다. 그중 어느 것 하나 동일한 결정은 없기 때문에 세계 각지에서 니오브산칼륨 결정을 사 모았다. 100개 이상은 구입하지 않았을까 싶다. 약 5년에 걸쳐서 실험을 반복했다. 하지만 생각했던 실험 결과를 얻지는 못했다.

그러던 중 우리는 '주기분극반전 티타늄인산티타닐칼륨'*이라는 비선형 광학 결정의 존재를 우연히 알게 되었다. PPKTP의 'PP'는 결정을 성장시킨 후 분극반전이라는 가공을 한다는 의미로, 새로이 개발된 비선형 광학 결정이었다. 이 비선형 광학 결정을 조임 상태를 만드는 데에 사용하고

---

* PPKTP, Periodically polled KTP($KTiOPO_4$)를 말한다.

있던 사람은 아직 없었지만, 당시 나의 조수이자 현재 와세다대학교 교수인 아오키 다카오 학생이 시험해보고 좋은 결과를 얻어서 본격적으로 사용하기로 했다. 그 결과, 2006년에 14년 만에 세계기록을 새로 써서 7데시벨이라는 세계 최고 수준의 조임 상태의 빛을 만드는 데 성공했다. 나는 2006년 2월 14일에 방송된 NHK의 〈프로페셔널한 일의 방식〉이라는 TV 프로그램에 출연했는데 첫 장면이 이 실험에 성공한 순간을 촬영한 것이었다.

이때까지는 '조임 상태는 6데시벨까지만 올릴 수 있다'라는 것이 상식이었다. 이것은 말하자면 일종의 '열면 안 되는 판도라의 상자'라서 그 누구도 이 사실은 일부러 건드리지 않았다. 하지만 우리가 6데시벨의 벽을 넘음으로써 전 세계적으로 조임 상태를 경쟁하는 흐름이 생기기 시작했다. 그야말로 우리가 판도라의 상자를 연 것과 같은 상황이다.

그러던 중, 먼저 우리가 2007년에 세계 최고 기록을 경신하여 9데시벨을 달성했다. 다시 또 독일 그룹이 10데시벨까지 올려놓았다. 2007년까지는 우리가 세계 최고 기록을 가지고 있었지만, 2016년에는 우리와 같은 PPKTP를 이용해서 독일의 그룹이 15데시벨을 달성했다. 또한 어디까지나 소문이긴 하지만, 현재 세계 최고 기록은 17데시벨이라고 들었다.

이와 같이 이론적으로 불가능하다 여겨졌던 일이라도 '진짜로 그럴까?'라고 의문을 가지고 이것저것 시도해보면서 새로운 길이 열리는 것이다. 예상외로 PPKTP를 뛰어넘는 성능을 발휘하는 새로운 비선형 광학 결정이 발견될 가능성도 있다고 나는 생각한다.

한편으로, 조임 상태의 빛의 레벨이 올라가면 올라갈수록 광펄스 간의 위상을 더욱 정밀하게 제어할 필요성이 생긴다. 앞으로, 광양자컴퓨터의 실현을 향해서 조임 상태의 빛의 레벨을 더욱 높여야 하는데, 그로 인해 위상 제어의 난이도도 올라간다. 그 제어를 어떻게 실현해가는지가 큰 과제가 될 것이다.

또한 2014년에는 "20데시벨의 조임 상태의 빛이 있다면 오류가 없어진다"라는 이론도 나왔다. 더욱이 2018년에는 "10데시벨의 조임 상태라도 오류를 없앨 수 있는 가능성이 있다"라고 이야기하는 논문이 새로 발표되었다. 이러한 것들이 확실하다면 광양자컴퓨터의 실현을 향한 큰 걸음이 될 것이다.

덧붙이자면, 이 조임 상태의 빛은 'Advanced LIGO(레이저 간섭계 중력파 관측소)'의 중력파 간섭계의 감도를 향상시키는 데에도 쓰이고 있어서, 이제는 중력파의 관측에 있어서 필수적인 기술이 되었다. Advanced LIGO는 2021년 완성될 예정으로, 기존의 LIGO보다 4배 더 좋은 감도를 갖는다.

LIGO란 1916년에 아인슈타인이 그 존재를 제창한 중력파를 검출하기 위해서, 미국 국립과학재단NSF이 설립한 대규모 실험 시설이다. 아인슈타인의 '최후의 과제'라고 불리던 중력파를 2015년 9월 14일에 처음으로 관측했다는 뉴스는 아직도 기억에 생생하다. 이 실적을 인정받아 연구 사업의 중심인물이었던 캘테크의 킵 손 교수와 배리 배리시 교수, 매사추세츠공과대학교MIT의 라이너 바이스 교수 3명은 2017년에 '레이저 간섭계 LIGO를 이용한 중력파 관측에의 큰 공헌'으로 노벨 물리학상을 수상했다.

중력파의 측정 장치와 양자텔레포테이션의 측정 장치는 모두 간섭계라는 점에서 기술적으로 공통되는 점이 많고, 또한 캘테크에서 LIGO에 참가했던 연구자의 다수는 내 친구들이다. 이러한 중력파 관측에도 공헌할 수 있었다는 것을 나는 매우 기쁘게 생각한다.

시판 제품이 없다면 스스로 개발한다

슈뢰딩거의 고양이 상태의 양자텔레포테이션의 실험을 성공하는 데 있어서 꼭 필요했던 두 번째 기술은 광펄스 정보의 전송 기술이었다.

슈뢰딩거의 고양이 상태의 양자텔레포테이션에서는, 송신자인 앨리스가 정보를 실은 광펄스를 여러 가지 주파수의 빛의 파동으로 분해해서 파동의 전기신호로서 밥에게 송신한다. 밥은 받은 전기신호를 광펄스로 변환해서 정보를 재현한다.

간단히 말하자면, 앨리스가 가지고 있는 처음 광펄스는 펄스 신호이고, 그것을 연속적인 아날로그 신호인 파동으로 변환해서 송신한 후, 이를 받은 밥은 다시 펄스 신호인 광펄스로 바꿔서 정보를 추출하는 이미지이다.

이러한 일련의 조작이 호모다인homodyne 측정과 피드포워드feedforward(피드백의 반대. 어떤 결과를 위한 원인의 최적화)이고, 이를 실행하기 위해서는 먼저 '호모다인 리시버'라 불리는 장치가 필요하다. 호모다인 리시버는 빛의 진폭을 정확하게 측정하는 장치로, 검출기로 들어온 광펄스를 전기

신호로 변환한다.

하지만 일반적인 호모다인 리시버는 선택할 수 있는 주파수의 대역이 좁아서 고주파수 성분을 보낼 수 없다는 과제를 안고 있었다. 이 과제를 해결하기 위해서는 '트랜스임피던스 앰프transimpedance amplifier'라고 불리는 전기회로를 스스로 개발해 선택할 수 있는 주파수 영역을 넓히면서, 동시에 전기신호의 일그러짐을 극한까지 억제할 필요가 있었다.

그래서 이 실험을 담당했던 학생을 당시 뉴사우스웨일스대학교에 있던, 현재 오스트리아 국립대학교의 엘러너 헌팅턴Elanor Huntington 교수의 연구실에 유학 보내기로 했다. 그 결과, 학생이 높은 기술과 지식을 얻어서 돌아와준 덕분에, 3년에 걸쳐 드디어 광대역에서 일그러짐이 거의 없는 전기회로의 개발에 성공했다.

광대역에서 동작하면서 동시에 전기신호의 일그러짐을 없애는 일은, 구체적으로는 신호 처리의 클락 주파수를 높이는 것과 같다. 실제로, 1998년 첫 실험에서의 대역은 약 30킬로헤르츠kHz였었지만, 이때는 10메가헤르츠MHz(메가는 100만)를 기록했다. 현재도 대역을 더욱 높이기 위해 개발을 계속하고 있다. 지금으로서는 400메가헤르츠까지 달성했으나, 최종적으로는 테라헤르츠THz(테라는 1조)까지 높일 계획이다.

헌팅턴 교수와의 만남은 2006년으로 거슬러 올라간다. 내가 초대받아서 오스트리아에 갔을 때, 여러 연구실을 견학하던 중에 직감적으로 '이 사람과 공동 연구를 하고 싶다'라고 생각해서 말을 건 것이 계기였다.

이런 공동 연구자는 세계 각지에 있다. 논문을 읽기만 해서는 이해하기 어렵기 때문에 방문해서 직접 화이트보드 앞에서 의논하고는 한다. 이를 통해서 좋은 파트너를 찾아내는 것이 가능하다. 하지만 의논은 실험 결과가 있어야 깊어지기 때문에, 언제나 실험 결과를 들고 다니면서 세계를 돌아다니고 있다. 그 아인슈타인도 그랬던 것처럼, 이것이 내 연구 스타일인 것이다.

한편, 내 연구실에도 세계 각지에서 많은 연구자가 방문한다. 이러한 교류가 없었다면 새로운 것은 만들어지지 않는다. 또한, 내 연구실의 높은 수준의 실험 기술을 보고 세계 여러 곳의 이론 연구자들이 실험 협력 요청을 넣는다. 재밌다고 생각되면 가능한 한 협력하려고 노력하고 있다. 그러면서 새로운 이론도 구축하고 있고 재미있는 이론 연구를 찾기도 한다. 연구자를 초대해서 한 달 정도 머무르게 해서 함께 의논하는 경우도 있다.

'크레이지'한 벤처기업 사장과의 공동 개발

또한, 이 슈뢰딩거의 고양이 상태의 양자텔레포테이션 실험에 큰 공헌을 한 것 중에 '거울 마운트'라고 불리는 장치가 있다. 거울 마운트는 사이타마현 도코로자와시에 있는 벤처기업인 퍼스트 머케니컬 디자인FMD과의 공동 개발에 의해 만들어졌다. FMD의 노구치 야스히로 사장의 '크레이지'한 점이 마음에 들어서 2006년부터 공동 개발을 하고 있다.

그 계기는 같은 해에 내가 NHK의 〈프로페셔널한 일의 방식〉에 출연한 것이었다. 거울 마운트를 독자적으로 개발하고 있던 노구치 사장이 이 프로그램을 보고, "고성능을 가진 거울 마운트를 만들었는데 꼭 한번 사용해보시라" 하고 나에게 연락해 온 것이다.

그에 대해 나는 "고성능이라고만 하면 잘 모르니 성능을 숫자로 보여달라"라고 답변했고, 실험에서 요구하는 성능을 제시했다. 실은 이 말의 숨은 의도는 '내가 제시한 수치를 측정할 수 있는 메이커는 전 세계에서도 존재하지 않으니, 뭐 무리겠지'라는 생각이었다. 반은 거절하는 의미로 말한 것이었다.

하지만 놀랍게도 약 3개월 후, 노구치 사장이 "측정용 광학 실험실을 만들어버렸습니다"라고 말하면서 내 연구실에 찾아왔다. '어라? 거절할 의도였는데'라고 생각하면서 노구치 사장의 방문을 받아들여 이야기를 듣고는 깜짝 놀랐다. 자택 바닥의 흙을 1미터 정도 파서 콘크리트로 채워 토대를 안정시킨 후, 그 위에 광학 테이블을 놓고 실험실을 만들었다는 것이다. 보통, 자택 바닥을 1미터나 파는 것은 생각할 수도 없는 일이다. '이런 크레이지한 사람은 본 적이 없다'라고 생각함과 동시에, 그 근성과 열의에 큰 감명을 받았다.

사실 그때까지는, 미국 국립표준기술연구소NIST에서 스핀아웃 한 기업이 고성능 거울 마운트를 제조하고 있어서 나도 거기서 장치를 조달받고 있었다. 리Lee라는 사람이 만들어서 '리스 마운트Lees mount'라고 불렀다. 하지만 고령이 된 리 씨는 은퇴해서 제조 기술을 독일의 기업에 매각해버렸다. 그런데 그 기업에서는 리스 마운트와 같은 고성능 거울 마운트를 제조하지 못해서 곤란한 상황이었다. 이럴 때 노구치 사장이 나타난 것은 지금 생각하면 매우 신기한 만남이었다.

세계 최고 수준의 요구 사항

노구치 사장과의 공동 개발이 처음부터 잘 진행됐던 것은 아니다. 내 연구실에서는 간섭계를 사용해서 2개의 광빔光beam을 간섭시켜 양자얽힘을 생성하는데, 될 수 있는 한 100퍼센트에 가까운 효율로 간섭시킬 필요가 있다. 하지만 시간의 경과와 더불어 거울 마운트의 거울 각도가 조금씩 어긋나버리기 때문에, 예의 리스 마운트라도 세팅이 몇 시간 정도밖에 유지되지 않는 것이 현실이었다.

그에 비해, 노구치 사장에게는 처음부터 4개의 거울 마운트의 위치와 각도를 1주일이나 유지시키도록 요구했다. 그 후 실험 수준이 높아지면서 이번에는 30개의 거울 마운트를 1주일 동안 유지시키도록 요구했다. 이처럼 새로운 실험을 할 때마다 요구 조건은 점점 올라갔다. 덧붙이자면, 거울 마운트를 이용해서 광회로를 구성하고 있는데 거울 마운트의 개수가 늘어난 이유는 더욱 복잡한 셋업이 필요해졌기 때문이다.

보통, 거울 마운트 개발을 위한 실험은 1~2주에 한 번의 빈도로 하는데, 실험할 때마다 노구치 사장은 새로운 샘

플을 개발해서 가지고 왔다. 그렇게 10개월 정도 반복한 결과, 정말 이상적인 거울 마운트가 완성되어 실험을 성공으로 이끌 수 있었던 것이다.

그리고 지금은 우리 실험 장치에서 노구치 사장과 공동 개발한 거울 마운트는 빼놓을 수 없다. 이 거울 마운트가 없었더라면 우리 실험은 여기까지 순조롭게 진행되지 않았을 것이다. 현재 특허도 내어 FMD에서 판매도 하고 있다.

사실, 거울 마운트를 움직이는 나사 하나에도 신경을 썼다. 거울의 각도가 시간의 경과와 더불어 어긋나지 않게 하기 위해서는, 웬만한 일에는 조절용 나사가 움직이지 않는 것이 필수이다. 하지만 당연히 수나사와 암나사 사이에 어느 정도 틈이 없으면 나사를 돌릴 수 없다. 그렇지만 이 틈이 있기 때문에 거울의 각도가 어긋나게 된다. 이러한 이율배반적인 조건을 해결하기 위해 우리와 노구치 사장은 '돌릴 수 있지만 확실히 고정되는 나사'의 기술을 개발했다. 이로 인해 요구하던 성능을 달성할 수 있었던 것이다.

하나 더, 노구치 사장과 공동 개발한 물품으로 광섬유의 얼라이너aligner(위치 결정 장치)가 있다.

현재 광원으로 레이저광선을 사용하고 있는데, 제6장에서 소개할 '시간영역다중'에서는 빛의 위상을 펄스 하나만큼 지연시켜서 다른 빛과 동기화하는 조작이 필요하다. 그럴 경우, 광로의 도중에 그에 상응하는 길이를 가진 광섬유를 거쳐서, 펄스 하나만큼 위상이 지연되게끔 빛이 날아가는 거리를 확보하면 된다. 하지만 레이저광을 광섬유 안에 도입하는 시판 장치의 성능이 안 좋다는 문제가 있었다. 입사시킨 빛 중에서 80퍼센트 정도만이 광섬유의 안으로 들어가는 것이다.

광섬유에 빛을 넣을 때 가장 중요한 것은 광섬유와 레이저광의 광선축이 완벽히 맞아야 한다는 것이다. 이를 만족한다면 광섬유 안으로 빛을 100퍼센트 가까이 넣을 수 있다. 그러기 위해서는 회전하는 '구체'의 중심에 광섬유의 끝(입사하는 곳)이 와야만 한다. 하지만 일반적인 얼라이너를 조사해보니, 광섬유의 끝이 회전의 중심에 있지 않기 때문에 회전시키면 광섬유의 축이 어긋나서, 레이저광의 축과 맞지 않게 되어 빛의 일부를 손실한다는 것이 판명되었다.

그래서 나는 노구치 사장과 공동으로 광섬유의 축과 광선축이 완벽히 일치하는 정밀 지그jig를 개발했다. 단순한 발상이었고, 지금 생각해보면 왜 이제까지 아무도 생각하지 못했는지가 미지수일 정도이다.

그리고 이로 인해 입사율 98퍼센트를 달성했다. 노구치 사장은 “기능올림픽에서 금메달을 딴 사람에게 부탁해서 만들고 있기 때문에, 도면을 보여줘도 다른 사람은 흉내 못 낸다”라고 호언한다. 물론 특허도 따놓았다. 현재 FMD에서는 이 광섬유 얼라이너도 시판하고 있고, 세계 각지에 팔고 있다.

그리고 이 얼라이너의 개발을 토대로 실현할 수 있었던 일을 제6장에서 소개할 텐데, 그것은 바로 2013년에 실험에 성공한 1만 개의 광펄스의 양자얽힘이다.

이처럼 세계 최초로 실험을 성공시키기 위해서는 세계 최고 수준의 기기나 장치가 꼭 필요하다. 실제로 우리 실험은 이미 시판 제품으로는 따라갈 수 없는 수준에 도달해 있다. 극한까지 튜닝해야 하기 때문에, 실험 장치 중에 나사 하나라 할지라도 블랙박스*가 있으면 안 된다. 그래서 실험에 필요한 기술은 스스로 개발할 수밖에 없는데, 실험 장치는 거의 모두 최첨단의 성능을 가지고 있고 스스로 만든 오리지널이다. 우리는 실험 장치의 모든 것을 낱낱이 알고 있다. 거꾸로, 이렇게까지 하지 않으면 최첨단의 성과를 올릴 수 없다. 바로 이 때문에 우리는 누구에게도 지지 않을 자

* 어떤 원리인지 모르고 그저 사용만 하는 장치를 말한다.

신이 있다.

결국 우리의 연구는 성실하게 기기나 장치를 개발하는 일의 축적이 중심이며, 이것이 실험의 성공을 지탱하고 있다. 다른 사람이 간단하게는 흉내 내지 못할 일을 하나씩 성실하게 만들어나가는 것이 세계 정상에서 계속 달리기 위한 비결이라고 할 수 있다.

제6장

실현을 향한 카운트다운

시간영역다중을 확장하다

광펄스 양자정보를 다루기 위해서는 조임 상태의 빛의 레벨을 향상시키는 것과 광대역 전기신호의 일그러짐을 없애는 것이 필수 조건이었다. 그리고 빛의 영역과 전기신호의 영역 양쪽에서 기술 개발을 이루어낸 것이 돌파구가 되어, 2011년 우리는 슈뢰딩거의 고양이 상태의 양자텔레포테이션에 성공한 것이다.

이 성공으로 인해 우리는 2006년에 연구 개발에 착수한 '시간영역다중 방식'의 실현을 확신했다. 그리고 우연히도 그 해 발표된 니컬러스 메니쿠치Nicolas Menicucci 박사(현 멜버른공과대학교 재직)의 '시간영역다중 일방향 계산방식'과 함께 이용한다면 최강의 양자컴퓨터를 실현할 수 있다는 것을 깨달았다. 이 부분에 대해서는 뒤에 자세히 기술하겠다.

여기서는 시간영역다중 일방향 계산방식이란 무엇인지에 대해 설명하자.

IBM이나 구글이 정지 양자비트의 양자회로를 사용하여 논리연산을 하고 있는 것에 비해, 현재 우리가 연구 개발을 진행하고 있는 광양자컴퓨터는 비행 양자비트를 사용하고 있다. 따라서 장치 전체가 양자회로와 같은 역할을 하고 있다. 어려운 표현이지만 이것을 '일방향 양자계산방식', 조금 더 일반적으로는 '측정 유기형 양자계산방식'이라고 부른다. 측정 유기형 양자계산방식이란, 광펄스를 측정해서 그 측정 결과에 근거하여 양자얽힘 상태에 있는 다음 광펄스에 조작을 가한다는 의미이다. 일방향 양자계산방식의 이론을 구축한 것은 독일의 물리학자 한스 브리겔Hans Jurgen Briegel 교수와, 당시 그의 학생이었던 로버트 라우센돌프Robert Raussendorf 교수였다. 그것을 시간영역으로 확장한 이론을 만든 것이 메니쿠치 박사이고, 이를 실현한 것이 우리 연구실이다.

정지 양자비트에 사용되는 원자나 이온과는 달리, 광자는 말 그대로 빛의 속도로 날아다니고 있다. 그렇기 때문에 오래도록 광자는 양자비트로서 다루기 어렵다고 여겨져 왔다. 대규모의 양자계산을 실현하기 위해서는, 대량의 빔 스플리터나 거울 마운트 등의 광학 부품을 사용해서 회로를 구축해야 한다고 여겨졌기 때문이다. 더불어, 광학 부품을 사용한 회로에서는 어떤 한 프로그램을 실행하기 위해 구축된 회로는 그 프로그램에만 사용할 수 있다. 다른 프로그램을 실행하려고 하면 빔 스플리터나 거울 마운트의 배치를 하나부터 다시 조립해야만 한다. 그 결과, "광자를 이용한 양자컴퓨터 따위 만들 수 있을 리가 없다"라고 모두들 말했다.

하지만 한편, 정지 양자비트를 이용한 양자컴퓨터도 큰 과제를 안고 있다. 먼저, 계산의 규모가 커지면 커질수록 대량의 양자비트가 필요하기 때문에 장치의 대규모화를 피할 수 없다. 또한, 예를 들어 100개의 양자비트를 준비했다 할지라도 이들을 양자얽힘 상태로 만드는 것도, 양자얽힘 상태를 유지하는 것도 매우 어렵다.

그에 반해 우리는 광양자컴퓨터에서 광자가 움직이고 있다는 점을 역으로 이용하여, 광펄스를 속속들이 양자얽힘 상태로 만들어가는 방식을 짜내었다. 즉, 시간의 경과와 더불어 광펄스가 진행하는 방향을 향해 양자비트가 차례차례 연속적으로 얽히도록 한 것이다. 그 결과, 양자컴퓨터의 규모를 일정하게 유지한 상태로 양자비트의 수를 무한으로 늘릴 수 있게 된 것이다. 이것이 '시간영역다중'이다. 양자비트를 공간상에서 배열하는 대신에, 펄스로서 시간영역에서 배열한다는 발상의 전환이다. 이 방법을 최초로 성공시킨 것이 2013년에 행한 1만 개 광펄스의 양자얽힘 생성 실험이다.

시간영역다중은 우리가 명명한 것으로, 이 방법의 확립이 커다란 돌파구가 되어 확장성이 생겼다. 앞으로 양자컴퓨터 연구의 판이 뒤바뀔 것이라고 예상한다.

이처럼, 2009년까지의 조임 상태의 빛의 수를 늘려서 양자얽힘 상태의 광자의 수를 늘리는 방식을 그만두고 광펄스를 채용한 가장 큰 이유는, 장치의 대규모화를 피하고 확장성을 확보하기 위한 것이었다.

하지만 바로 생각을 바꿀 수 있었던 것은 아니다. 많은 사람들과 의논하는 중에 '역시 펄스로 해서 시간영역다중으로 바꾸지 않으면 미래가 없다'라고 깨달은 것이다.

광펄스를 연속적으로 사용해간다면 광학 부품을 대량으로 배열하는 장치의 거대화를 피할 수 있지 않을까 하는 아이디어 자체는, 원래 2011년 당시 호주 시드니대학교에 재직하고 있던 니컬러스 메니쿠치 박사가 생각해낸 것이다. 하지만 광펄스 정보를 제대로 다루기 위해서는 빛의 영역에서도 전기신호의 영역에서도, 전송로에서 일그러짐을 없애야 한다는 큰 과제가 있었다. 이에 대해 우리는 제5장에서 말한 것처럼, 2011년에 성공한 슈뢰딩거의 고양이 상태의 양자텔레포테이션 실험에서 헌팅턴 교수와 함께 조임 상태의 빛의 레벨 상승과, 광펄스 제어를 위한 광대역에서 일그러짐이 거의 없는 전기회로의 개발에 성공했었다. 따라서 메니쿠치 박사의 이론을 봤을 때 나는 바로 이를 실현할 수 있다고 강하게 확신한 것이다.

양자텔레포테이션 회로

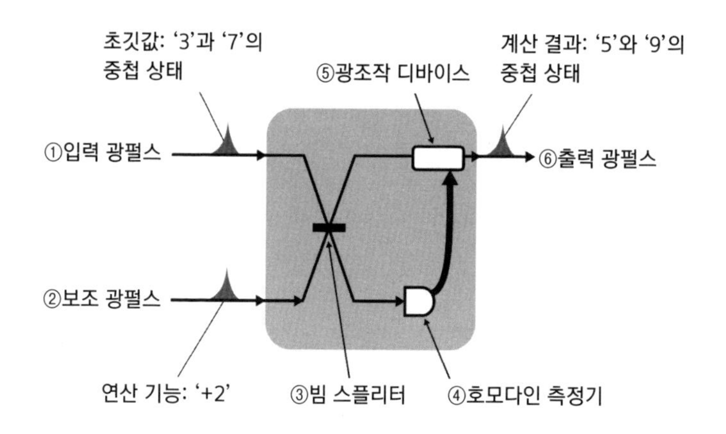

빔 스플리터를 통과한 2개의 빛은 얽혀 있어서 한쪽을 측정한 영향이 다른 한쪽에 미친다. 이로 인해 정보 통신을 하는 것이 양자텔레포테이션이다.
먼저, 초깃값인 입력 광펄스(①)와 연산 기능을 가진 보조 광펄스(②)를 준비한다.
입력 광펄스는 여러 중첩 상태의 값을 취할 수 있는데, 예를 들어 '3'과 '7'이라는 값의 중첩 상태를 입력하고 보조 광펄스에는 '+2'라는 값을 넣는다. 여기서 각각의 값은 광펄스의 진폭 등으로 표현할 수 있다.
2개의 광펄스는 빔 스플리터(③)를 통과함으로써 양자얽힘 상태가 된다. 2개의 광펄스가 섞여서 각각의 값은 알 수 없게 되지만, 두 펄스를 합친 값은 반드시 '5'와 '9'의 중첩 상태라는 규칙이 생긴다.
광펄스의 한쪽을 호모다인 측정기(④)로 측정하여, 그 결과에 따라 광조작 디바이스(⑤)로 다른 한쪽의 광펄스의 상태를 변화시킴으로써, 계산 결과의 정보를 가진 출력 광펄스(⑥)를 얻는다.
이러한 양자텔레포테이션 회로 1블럭은, +, −, ×, ÷라는 기본 계산 1스텝에 상응하며, 입력 광펄스에 어떤 계산을 처리해서 출력할지는 보조 광펄스의 종류 등에 따라 정해진다.

자료제공: Furusawa Laboratory

하지만 과제가 하나 더 있었다. 광펄스를 사용해서 시간영역다중으로 다자간의 양자얽힘을 만들 때 이것이 성공했는지 아닌지, 즉 그 성패를 판정하기 위한 방법을 개발해야 했다. 이 점에 대해서도 우리는 다행히, 2004년에 발표한 3자간 양자텔레포테이션 네트워크 실험에서 반 루크 교수와 함께 '반 루크-후루사와의 판정 조건'을 확립하여, 다자간의 양자얽힘 상태를 판정하는 방법을 이미 가지고 있었다.

우리는 다자간의 양자얽힘 상태를 시간영역에서 만드는 방법을 실증함과 동시에, 우연인지 선견의 지혜인지, 이미 몇 년 전에 다자간의 양자얽힘 상태가 만들어졌는지 아닌지를 판정하는 방법을 생각해냈던 것이다.

시간영역다중의 실현에 도전하다

실험에서는, 먼저 2대의 스퀴저에서 나온 2개의 광펄스를 이용하여 2자 간 양자얽힘 상태를 2개 만들었다. 그리고 한쪽의 광로에만 광섬유 루프를 넣어 연장시켜서 펄스 하나만큼 지연시키고, 다시 빔 스플리터를 이용해서 간섭시킨다.

단지 이 조작만으로 양자간섭이라는 양자 특유의 효과에 의해 양자얽힘을 차례차례로 생성할 수 있는 것이다. 광펄스를 차례차례로 양자얽힘 상태로 만들어갈 뿐이기 때문에 스퀴저도 빔 스플리터도 늘릴 필요가 없다.

2013년에는 이를 1만 개의 양자비트에 상당하는 1만 개의 펄스까지 늘리는 데 성공했다. 이 성공으로 인해 큰 산 하나를 넘었다는 안도감이 들었다. 이를 통해서, 앞으로 시대가 크게 변할 것이라고 확신할 수 있었다.

실제로, 기본 원리를 확립함으로써 2016년에는 더 나아가 100만 개의 펄스를 달성했다. 이 실험을 100만 개의 펄스에서 그만둔 것은 단지 측정 결과를 보존할 메모리가 꽉 차서일 뿐, 실제로는 얼마든지 더 늘릴 수 있다.

한편, 이 실험에서 가장 고생한 점은 역시, 조임 상태의 빛끼리 간섭하는 타이밍 조정이었다. 실험 장치에서는 빔 스플리터나 거울 마운트를 사용해서 광회로를 구축하고 있는데, 이 광회로를 구축함에 있어서 가장 힘든 점은 서로 다른 경로를 거쳐서 온 빛을 동시에 간섭시키는 일이다. 많은 빔 스플리터나 거울 마운트를 배치한 것은 간섭의 타이밍을 조정하기 위해서이다. 목표로 하는 정확도는 1마이크로미터 이하이다.

시간영역다중의 예

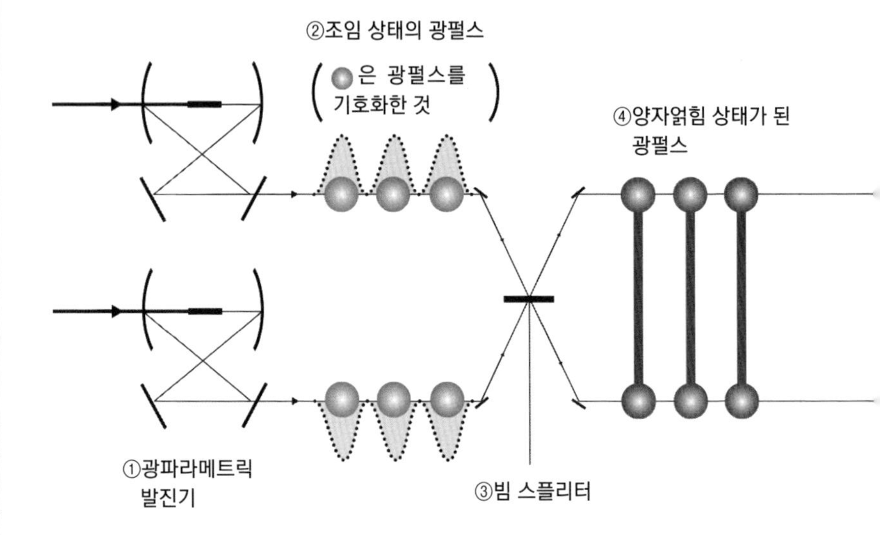

2대의 광파라메트릭 발진기(①)에서 조임 상태의 광펄스 2개를 연속 발생시킨 후, 2개의 광로로 나가게 한다(②).
2개의 조임 상태의 광펄스는 빔 스플리터(③)를 통과하면 동시에 입사·출사시킨 광펄스가 양자얽힘 상태가 된다(④).

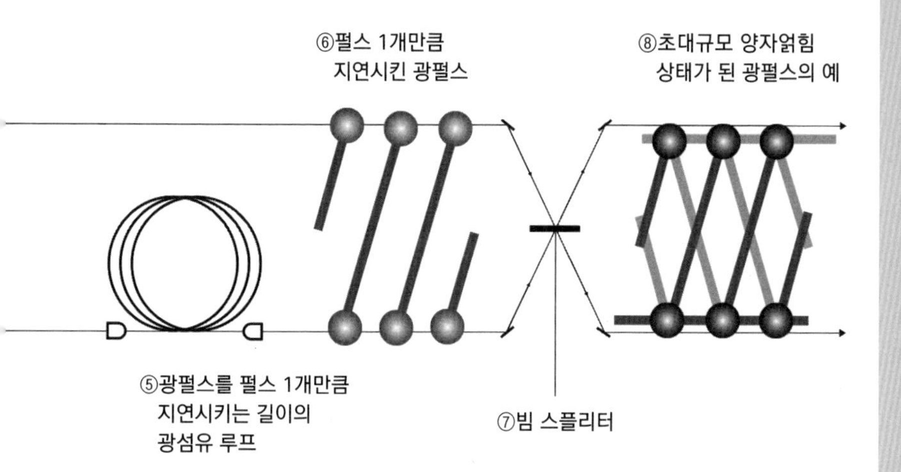

2개의 광로의 한쪽을 광섬유를 거쳐 거리를 늘림으로써(⑤), 그 광로의 광펄스는 펄스 1개만큼 시간이 지연된다(⑥).

2개의 조임 상태의 빛을 펄스 1개만큼 어긋난 상태로 다시 빔 스플리터에 입사시키면(⑦), 이때 동시에 입사한 광펄스가 또다시 양자얽힘 상태가 되어 사슬 모양의 대규모 양자얽힘 상태(클러스터 상태)가 만들어진다(⑧).

자료제공: Furusawa Laboratory

광로의 길이는 물리적 길이×굴절률로 정해진다. 여기에 소리나 바람 등의 진동이 들어온 것만으로도 굴절률이 고르지 않을 수 있다. 따라서 광학 테이블에는 뚜껑을 씌워서 밀폐시키고 공기의 진동이 가능한 한 전달되지 않게 하고 있다. 더불어, 실험실이 있는 건물 자체도 엄밀히 말하면 흔들리고 있기 때문에, 이러한 외부 요인을 될 수 있는 한 배제하기 위해 광학 테이블은 에어 서스펜션(공기 현가장치)으로 띄워놓았다.

이러한 노력에도 불구하고 언젠가 간섭의 타이밍은 어긋나버린다. 그래서 추가로 광로의 길이를 항상 모니터링해서, 소자를 이용해 전기적으로 제어하는 조작도 하고 있다.

그렇다고 해도 사실 실험 기술 측면에서는, 우리가 지금까지 해온 9자 간 양자얽힘 등에 비하면 훨씬 쉽다고 할 수 있는 실험이었다. 거꾸로, 단순히 어려운 일을 하는 것이 진보는 아니라는 것을 다시 한번 알게 되었다. 아이디어가 아주 혁신적이라면, 간단한 실험이라도 대단한 성과를 낼 수 있다고 실감했다. 커다란 패러다임 전환이었다는 것은 사실이지만, 실험물리학자로서는 '이렇게 간단하게 성공해도 괜찮은 건가'라는 찜찜함이 있었고, 지금도 그 기분은 떨쳐내지 못하고 있다. 하지만 대규모 양자컴퓨터를 실현하기 위해서는 복잡한 방식보다는 단순한 방식으로 만들어야 하기에, 실용화를 향해서 크게 전진했다고 할 수 있을 것이다.

빛으로 1만 배의 고속 성능도 실현 가능하게

또한 2011년 당시, 광펄스의 펄스폭은 100나노초 정도였으나, 최근에는 10나노초까지 성능이 향상했다. 펄스폭의 역수, 즉 분자와 분모를 바꾼 숫자가 클락 주파수에 해당하기 때문에, 펄스폭이 100나노초인 경우 양자컴퓨터가 10메가헤르츠의 클락 주파수로 동작하는 것이 되고, 펄스폭이 10나노초인 경우는 100메가헤르츠의 클락 주파수로 동작하는 것이 된다.

클락 주파수를 높이기 위해서는 스퀴저에 해당하는 광파라메트릭 발진기를 소형화해야만 했다. 현재 10나노초를 실현할 수 있었던 것은, 광파라메트릭 발진기를 초창기와 비교해서 약 10분의 1의 크기로 소형화했기 때문이다.

이에 머물지 않고 우리는 1기가헤르츠(기가는 10억)의 클락 주파수를 목표로 하고 있다. 최종 목표는 중요한 곳에서 전기회로를 사용하지 않는 완전 광양자컴퓨터이고, 전부 빛으로 바꿈으로써 클락 주파수 10테라헤르츠(테라는 1조)를 실현할 수 있다고 생각한다. 이는, 전자를 양자비트로 사용하는 방식의 양자컴퓨터와 비교하면 1만 배의 고속 성능이다. 빛을 이용함으로써 클락 주파수를 한 번에 테라헤르츠의 단계로 높이는 것이 가능한 것이다.

통신의 역사를 되돌아보면, 이전에는 케이블을 사용해서 전화를 했던 시대가 있었지만, 요즘은 훨씬 빠른 광섬유로 대체되었고, 인터넷도 더욱 고속으로 이용할 수 있다. 그 이유는 바로 빛을 이용함으로써 주파수 대역을 높일 수 있었기 때문이다. 무선 통신의 경우에는 주파수 대역이 10기가헤르츠 정도인 것에 비해, 광통신의 경우에는 대략 10테라헤르츠나 되어 약 1,000배나 빠르기 때문에, 문자 그대로 격이 다르게 빠르다. 이렇게 생각하면 통신이 전기에서 빛으로 바뀐 것과 같이, 컴퓨터도 전자에서 광자로 바뀌는 것이 자연스러운 흐름인 것이라고 이해할 수 있다.

시간영역다중 일방향 양자계산방식을 이용한 광양자컴퓨터

다음으로, 광양자컴퓨터에 의한 양자계산 방법에 대해 설명하자.

우리가 개발하고 있는 광양자컴퓨터에서는, 앞에서부터 설명해온 시간영역다중 일방향 양자계산방식을 사용한다. 원래 양자계산이란, 먼저 답이 될 수 있는 모든 상태의 중첩을 양자컴퓨터 안에서 생성해서, 양자역학적인 간섭이나 측정에 의한 파동 묶음의 수축을 이용하여 답을 찾아가는 것을 말한다. 그중에서 광양자컴퓨터에서 쓰이는 양자계산을 따로 일방향 양자계산이라고 부르는 이유는 양자계산에 필수적인 양자비트의 측정이 일방향, 즉 불가역이기 때문이다.

구체적으로는, 다수의 양자비트의 대규모 양자얽힘 상태를 준비해서 그 일부분을 측정한다. 그러면 얽혀 있는 다른 양자에 측정의 영향이 미쳐서 상태가 변화한다. 이것이 양자텔레포테이션이며, 이 측정에 의한 상태 변화, 즉 양자텔레포테이션을 반복함으로써 계산을 실행한다.

중첩 상태인 양자비트가 2차원 격자상에 나란히 있어서, 위아래 및 양옆에 이웃한 양자들이 모두 얽혀 있는 상태를

'클러스터 상태cluster state'라고 한다. 예를 들어, 2양자비트를 입력한다면 격자상의 왼쪽 끝줄에 배열된 양자비트 중 2개를 양자계산의 입력 상태로 만들어서 측정한다. 그러면 인접한 양자비트들은 얽혀 있기 때문에, 입력 상태의 양자비트를 측정하면 순식간에 인접한 양자비트에 영향이 미친다. 측정 결과는 '0'이나 '1'이 무작위로 나오지만, 그 무작위를 억제하기 위해 측정 결과에 따라 '0'인 경우는 아무것도 하지 않는다. '1'인 경우는 인접한 양자비트를 반전시키는 조작을 하면서, 오른쪽 방향 아니면 위아래로 인접한 양자비트에 양자텔레포테이션을 반복함으로써 자신이 노린 계산의 답을 떠오르게 하는 것이다.

더 나아가, 측정 방법을 바꾼다는 것은 다른 연산을 하는 것과 같기 때문에 측정 방법의 패턴을 바꾸는 것만으로도 다른 계산이 가능해진다. 즉, 같은 클러스터 상태를 이용해서 어떠한 계산도 할 수 있다는 말이다. 클러스터 상태는 하드웨어라고 할 수 있고, 한편 측정 패턴은 나중에 변경할 수 있으므로 소프트웨어라고 할 수 있다. 즉, 시간영역다중 일방향 양자계산방식은 프로그래밍이 가능하다는 것이다. 시간영역다중 일방향 양자계산을 이용함으로써 지금까지 가지고 있던, 계산 규모의 확대와 함께 장치가 대규모화 되어버리는 문제와, 프로그래밍을 어떤 식으로 할지의 문제 두 가지가 한 번에 해결되는 것이다.

또한, 광펄스의 경우 진폭과 위상은 모두 연속적으로 변화한다. 따라서 0과 1뿐만이 아닌 큰 숫자도 표현할 수 있게 된다. 이것은 하나의 광자만이 아니라 다수의 광자를 사용할 수 있다는 것을 의미한다. 하나의 광펄스에는 다수의 광자가 포함되어 있기 때문에, 광자 하나씩을 양자비트라고 하면 다수의 물리 양자비트로 하나의 논리비트를 구성할 수 있다. 원래대로라면, 다수의 물리 양자비트를 사용해서 논리비트를 구성하는 경우, 이는 대규모 양자얽힘 상태이기 때문에 유지하는 것이 상당히 어렵다. 하지만 하나의 광펄스라면 유지하는 것이 압도적으로 쉬워진다. 따라서 광펄스의 진폭과 위상에 논리 양자비트를 코딩하는 것은 매우 강력한 방법이다. 이를 '연속량 처리'라고 한다.

연속량 처리의 장점

지금까지의 고전컴퓨터에서는 '0'과 '1'의 2개의 값(1비트)이 기록이나 계산 처리의 최소 단위이며, 이 2개의 값을 기록하는 사이즈를 소형화함으로써 대용량화를 달성해왔다. 하지만 소형화도 이미 한계에 달하고 있는 상황이다. 그래서 하나의 기록 공간에 2개의 값이 아닌, '0', '1', '2', '3'의 4개의 값(2비트) 또는 '0'~'7'까지의 8개의 값(3비트) 등 더욱 많은 값을 집어넣을 수 있다면, 이 기록 용량을 2배, 4배, …로 늘릴 수 있지 않을까 하는 발상과 함께 연구가 진행되고 있다. 이러한 방식은 '다치多値기록/처리'라고 불리며, 이미 하나의 셀에 16개의 값(4비트)을 써넣는 QLCQuad level cell 플래시 메모리가 시판되고 있다.

다치기록/처리는 아직 새로운 기술로, 더욱 내구성을 높일 필요가 있는 등 과제도 가지도 있지만, 고전컴퓨터에서의 차세대 대용량 메모리 기술이라고 할 수 있다.

한편, 양자컴퓨터에서 쓰이는 연속량 처리에서는 광펄스의 진폭과 위상에 높은 자유도를 가지고 양자비트를 코딩할 수 있기 때문에, 다치기록/처리의 값을 더욱 확대한 것에 상응한다고 생각할 수 있다.

또한 시간영역다중 일방향 양자계산에서 연속량 처리를 수행하는 것은 오류 정정을 실현하는 점에서도 상당히 우위성이 높다. 오류 정정을 하기 위해서는 다수의 물리량 양자비트를 이용해 하나의 논리 양자비트를 구성해야 한다는 점은 이미 기술한 대로이다. 예를 들어, 쇼어의 오류 정정을 실행하기 위해서는 9개의 물리 양자비트로 1개의 논리 양자비트를 구성할 필요가 있다. 연속량 처리라면 사용하는 빛의 진폭에 제한이 없기 때문에 다수의 광자를 하나의 펄스로 처리할 수 있다. 이는 실질적으로 대규모 얽힘에 해당하는 논리 양자비트를 하나의 펄스에 집어넣을 수 있다는 의미이다.

현재 20.5데시벨의 조임 상태의 빛으로 오류 정정이 가능하다는 것이 이론적으로 증명되어 있으나, 양자 오류 정정의 진보는 매우 빨라서, 가까운 미래에 10데시벨에서도 오류 정정이 가능할 것이라고 기대되고 있다.

여기까지의 사실에서, 시간영역다중 일방향 양자계산을 이용한 광양자컴퓨터의 특징을 정리해보면 다음과 같다. ①실온에서도 양자비트로서 존재하며, ②양자계산도 가능하고, ③비행 양자비트를 그대로 양자통신에 사용할 수 있다는 점을 들 수 있다. 또한, 광펄스의 경우 계속해서 흘러가기 때문에, ④대량의 양자비트를 취급할 수 있다. 따라서 ⑤제한된 공간에서 대규모화가 가능하다. 더불어, 광펄스는 빛의 속도로 이동하고 있어서 바로 측정해버리기 때문에 결깨짐까지의 시간에 신경 쓸 필요 없이, ⑥무제한으로 양자계산을 계속할 수 있다. 거기에, ⑦프로그래밍도 가능하다. 또한, 빛을 이용하기 때문에, ⑧양자컴퓨터의 클락 주파수를 10테라헤르츠 이상으로 올릴 수 있으며, ⑨오류 정정도 가능하다.

2차원에서의 초대규모 양자얽힘

이 방법에서의 클러스터 상태는 사슬 형태이지만, 더욱 복잡한 2차원으로 확장하는 것도 가능하다(172~173쪽의 그림 참조). 그래서 우리는 한발 더 나아가 사슬과 사슬이 얽힌 '2차원 대규모 연속량 클러스터 상태'의 생성과, 그를 이용한 초대규모 시간영역다중 일방향 양자계산의 연구를 진행하고 있다.

시간영역다중 일방향 양자계산의 중요한 핵심은 다수의 양자비트가 대규모 양자얽힘 상태라는 점이다. 이는 모든 양자계산의 패턴의 중첩 상태가 되었다는 말이다. 즉, 클러스터 상태의 규모를 키우면 키울수록, 그에 따라서 압도적으로 대규모 양자계산이 가능해진다.

2015년, 양자텔레포테이션의 심장부를 광칩으로 만들다

지금까지 내 연구실에서 개발해온 양자텔레포테이션 장치는, 커다란 광학 테이블 위에 많은 빔 스플리터, 거울 마운트와 같은 광학 부품을 배치함으로써 만들어졌다. 하지만 미래에는 칩으로 만드는 것이 필수라고 생각했다.

그래서 양자텔레포테이션 장치의 심장부인 양자얽힘 생성·검출 장치의 광칩화에 도전하여, 영국 브리스틀대학교의 제러미 오브라이언Jeremy O'Brien 교수와 NTT(일본전신회사)와의 공동 연구로 2015년에 성공했다. 약 1제곱미터의 광학 테이블에 배치되어 있던 양자얽힘 생성·검출 부분을, 26밀리미터×4밀리미터(0.0001제곱미터)의 실리콘 기판 위에 놓인 유리를 정밀 가공하여 유리 광회로인 '석영계 광도파로光導波路* 회로'로 전환함으로써 크기를 약 1만 분의 1까지 축소했고, 실제로 양자얽힘 상태의 빛이 생성되는 것도 확인했다.

---

* 도파로는 마이크로파 이상의 높은 주파수를 지닌 전기 신호나 전기 에너지를 전하는 데 쓰는, 가운데가 빈 금속관을 말한다. 그 단면과 같은 정도의 파장을 가진 것만 통과하며 단면은 보통 직사각형 또는 원형이다. 이러한 도파로의 개념을 빛의 영역으로 확장시킨 것이 광도파로이다. 주로 빛이 잘 투과하는 매질(유리 등)로 만든다.

초대규모 2차원 양자얽힘에 의한 광양자컴퓨터

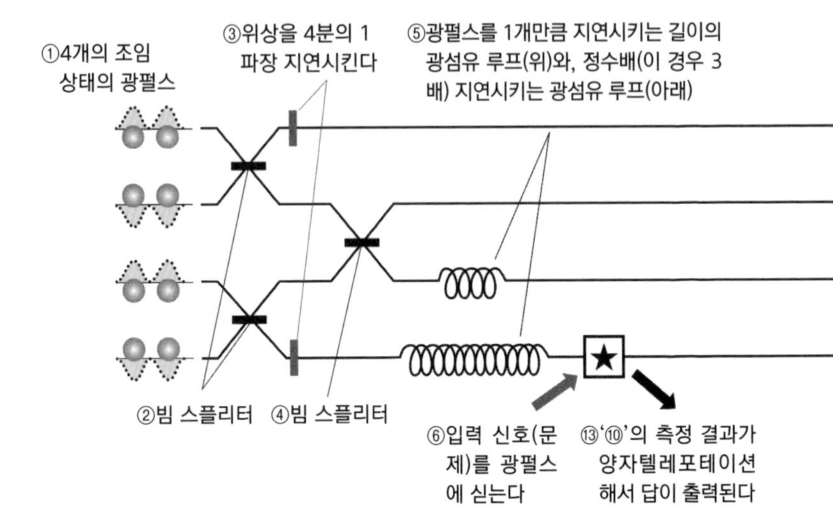

4개의 조임 상태의 광펄스를 2개씩 나누어서(①), 각각 빔 스플리터를 통과시켜 양자얽힘 상태를 만든다(②).

양자얽힘 상태가 된 2개씩 두 쌍의 펄스가 만들어지는데, 각각의 한쪽만 위상을 4분의 1 파장만큼 지연시킨다(③).

2개 두 쌍의 광펄스를 양자얽힘 상태로 만든다(④). 4개의 펄스가 정사각형의 양자얽힘 상태가 된다.

정사각형으로 얽힌 4개의 광펄스를 한 번 더 광로의 길이가 다른 광섬유 루프로 위상을 지연시켜(⑤), 그중 하나에 ★회로를 통해 입력 신호를 싣는다.

A 그림에 있는 회색 직사각형은 ⑦의 점선상에 동시에 도달한 광펄스를 표시한 것으로, 번호는 점선에 도달한 순서를 나타낸다. 인접한 정사각형의 양자얽힘을 잇는 화살표는 새로운 양자얽힘을 나타내며, 대규모 양자얽힘이 성립했다는 것을 의미한다.

A 그림과 같이 얽혀 있는 광펄스 4개를 한 번 더 2개씩 각각 빔 스플리터에 통과시키면(⑧), 광펄스는 더욱 복잡하게 얽혀서 B 그림과 같은 상태가 된다(⑨). a, b, c, x는 ⑩의 호모다인 측정을 하는 위치로, 각 광펄스(양자)가 어느 호모다인 측정으로 측정되는지를 표시한다.

호모다인 측정의 위상을 바꿈으로써 다른 연산을 할 수 있다. 호모다인 측정 e, f는 원하는 연산의 종류에 따라 맞춰서 사용한다.

⑩~⑫의 호모다인 측정 결과로 양자텔레포테이션이 실행되어 ★회로에서 답이 출력된다(⑬).

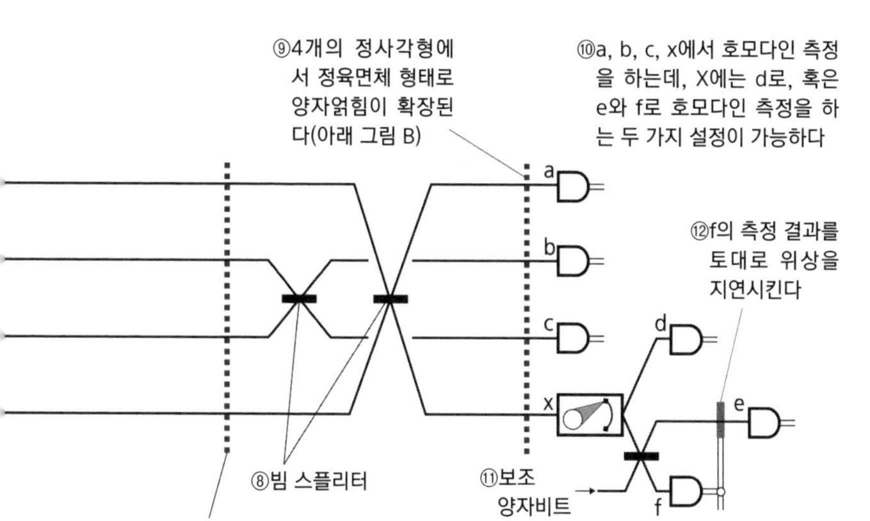

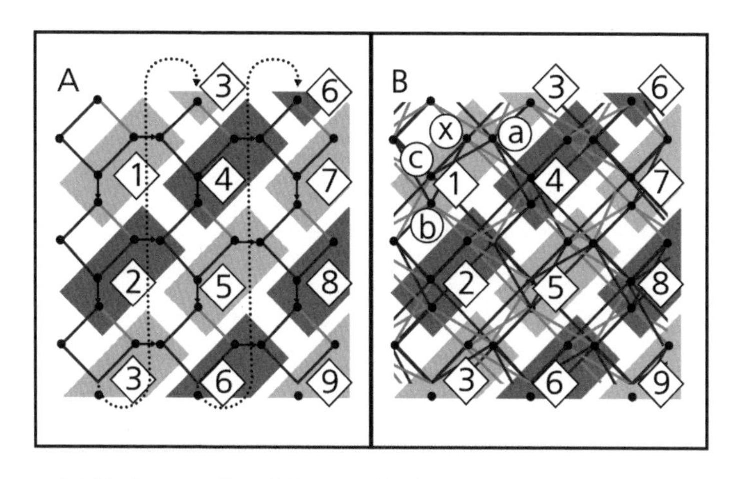

Rafel N. Alexander, Shoto Yokoyama, Akira Furusawa, and Nicolas C. Menicucci, "Universal quantum computation with temporal-mode bilayer square lattices" Physics Review A97, 032302(2018)에서 일부 변형하여 작성.

여기서, 석영계 광도파로 회로는 널리 실용화되어 있는 광통신용 디바이스 기술을 응용한 것으로, 소형화할 수 있을 뿐 아니라 광손실, 조립의 정확도, 안정성의 면에서도 광양자컴퓨터의 실용화에 크게 공헌한다.

이 석영계 광도파로 회로의 개발 덕분에, 양자텔레포테이션 장치의 확장성 문제 해결을 향해서 크게 전진할 수 있었다. 궁극적인 대용량 통신이나 초고속 광양자컴퓨터의 실용화를 위한 돌파구를 여는 획기적인 성과라고 여겨진다. 최종 목표는 양자텔레포테이션 장치 전체를 광칩으로 만드는 것이다.

그렇다고 해도 장치 전체를 광칩으로 만드는 일이란 지금과는 완전히 다른 구조 및 동작 원리를 필요로 할 것이다. 지금의 실험 장치는 빔 스플리터나 거울 마운트를 사용해서 빛을 제어하고 있지만, 광칩 회로가 만들어진다면 이것들은 불필요해진다. 또한, 도파로에 전압을 걸어서 굴절률을 변화시키는 '도파로 변조기'로 굴절률을 동적으로 제어해서 광로의 길이를 조절하는 일과 같은 능동적 제어를 개발하는 등 여러 가지 아이디어를 구상하고 있다.

광자메모리의 개발

잠시, 광자 1개의 양자 준위에 대한 이야기로 돌아오자.

양자계산을 하기 위한 양자 논리 게이트에서는 얽혀 있는 광자를 사용해서 처리를 수행하게 된다. 기존에는 2개의 광자 생성기를 준비해서, 이를 빔 스플리터로 간섭시켜서 양자얽힘 상태를 만들었다. 하지만 2개의 광자 생성기로 광자가 생성될 때, 각각의 광자가 나오는 타이밍은 무작위이다. 따라서 양쪽의 광자 생성기에서 우연히 동시에 광자가 생성되어 동시에 나오는 광자만을 선택하여, 빔 스플리터에 입사시켜 얽힘 상태를 만들어왔다. 역시 이 방법으로는 효율이 안 좋다.

그래서 우리는 2개의 광자를 동시에 빔 스플리터에 입사시키는, 즉 동기화하는 일에 도전해서 성공했다. 계산기에 버퍼 메모리(데이터를 읽거나 쓰는 등의 작업이나 오류로 인해 데이터 처리가 늦어지는 경우를 막기 위해서 일시적으로 데이터를 보존하는 장치)가 필요한 것처럼, 양자컴퓨터에도 동기를 위한 양자메모리가 필요한 것이다.

이 광자메모리는 2개의 연결된 광공진기光共振器로 구성되어 있고, 광자의 생성 기능과 메모리 기능 두 가지를 다 가지고 있다. 2개 중 하나의 광공진기 안에는 비선형 광학 결정이 들어 있어서 광파라메트릭 발진기의 역할을 한다. 다른 하나의 광공진기 안에는 광위상 변조기가 들어 있다. 이 광위상 변조기의 전압을 제어함으로써 이 광공진기는 광셔터로서의 기능을 갖는다.

이 광파라메트릭 발진기에서는 짝수 개의 광자로 구성된 조임 상태의 빛이 아닌 단일 광자를 생성한다. 보통 광셔터는 닫혀 있는 상태여서, 생성된 광자는 광파라메트릭 발진기에서 밖으로 나가지 못하지만, 광위상 변조기의 전압을 제어해 광셔터를 열면 광자를 빼낼 수 있는 구조이다. 이 광자메모리 덕분에 원하는 타이밍에 광자를 빼낼 수 있게 되었다.

우리 연구실에서는 이 광자메모리를 2개 준비해서, 2개의 광자가 날아오는 타이밍을 자유자재로 제어하면서 2개의 광자를 동기화해 빔 스플리터에 입사시켰다. 이로 인해 양자 얽힘 생성을 제어하는 일에 성공했다. 생성 타이밍의 차이가 1.8마이크로초 이내라면 동기화가 가능하고, 지금까지와 비교해서 동기 효율이 25배 향상되었다.

이 광자메모리는 단일 광자만이 아니라 슈뢰딩거의 고양이 상태 등을 포함한 모든 양자 상태에도 사용할 수 있다. 앞으로는 광양자 정보 처리의 기본 기술로 확립시켜나갈 생각이다. 더불어, 광자메모리의 기술 개발도 진행할 예정이다. 현재는 양자비트 1개 정도까지밖에 실현하지 못했지만, 기존 컴퓨터 메모리 정도로 양자비트의 수를 늘려갈 계획이다.

혁신적 발명
'루프형 광양자컴퓨터'

시간영역다중 일방향 양자계산방식 외에도 다른 시간영역다중 방식도 검토하고 있다. 그것은 2017년 9월, 우리 연구실의 다케다 슌타로 조교수가 발명한 '루프형 광양자컴퓨터'로, 더욱 효율을 높일 수 있는 가능성을 가지고 있다. 그 결과, 현재 연구 개발을 진행하고 있는 시간영역다중 양자계산방식은 두 종류로, 서로 보완적인 역할을 하고 있다.

이 방식은 계산의 기본 단위가 되는 양자텔레포테이션 회로 하나만을 사용해서 대규모 양자계산을 효율적으로 실행하는 방식이다. 양자텔레포테이션 회로의 외부는 양자메모리에 상응하는 루프 구조로 되어 있어, 하나의 회로를 무제한으로 반복해서 이용함으로써 대규모 양자계산을 실행할 수 있는 것이 특징이다.

구체적으로는, 루프 안에서 광펄스가 순환하게 해두고, 하나의 양자텔레포테이션 회로의 기능을 바꿔가면서 반복해서 사용함으로써 계산 처리를 수행한다. 즉, 하나의 회로를 어느 순간에는 덧셈, 다른 순간에는 곱셈, 이런 식으로 기능을 바꿔서 몇 번이고 사용하는 것이다.

정보의 입력도 간단하다. 먼저, 보조 상태의 광펄스를 입력하는데, 여기에는 '이 입력을 어떻게 동작시킬 것인가'라는 정보가 포함되어 있다. 광펄스를 루프 안에서 돌리기 전에 미리 프로그램대로 양자텔레포테이션 회로를 준비해두고 순서대로 광펄스를 넣는다. 그러면 양자텔레포테이션 회로가 프로그램에 따라 AND나 OR 등의 역할로 순서대로 바뀐다.

양자텔레포테이션 회로 자체는 같지만 하나의 스텝마다, 즉 양자게이트를 통과할 때마다 다른 처리를 함으로써 양자계산 처리가 가능해진 것이다. 이를 '루프법'이라고 부른다. 이 방법의 발명으로 인해 더욱 높은 효율로 양자계산을 할 수 있다.

조금 더 자세히 원리를 설명하자.

먼저, 입력 광펄스와 보조 입력 펄스를 등간격으로 외부 루프에서 순환시켜둔다. 외부 루프와 내부 루프의 '관문'이

되는 가변식 빔 스플리터의 투과율을 바꿈으로써, 입력 펄스를 내부 루프인 양자텔레포테이션 회로에 넣어서 처리를 한 후, 양자메모리인 외부 루프로 다시 가져오는 것을 반복함으로써 대규모 양자계산을 수행한다.

개발에 있어서의 핵심은, 투과율을 원하는 대로 바꿀 수 있는 빔 스플리터를 사용해서 어떻게 고속으로 투과율을 변화시키는가이다. 사용하고 싶을 때나 사용하고 싶은 장소에서만 양자얽힘을 생성하고, 사용하고 있지 않은 양자비트는 양자얽힘을 만들지 않게 하는 것이 이 방법의 최대의 장점이다. 이를 위해서는 시시각각 투과율이 변화하는 빔 스플리터가 반드시 필요하다.

덧붙이자면, 앞에서 말한 또 하나의 방식인 시간영역다중 일방향 양자계산에서는 투과율이 변하지 않는 빔 스플리터가 사용되고 있다. 이 방식은 양자얽힘의 구조가 복잡해서 모든 양자비트를 넓게 얽히게 하기 때문에, 전체적으로 양자얽힘이 약하다는 단점이 있다. 하지만 빔 스플리터의 투과율이 변하지 않기 때문에 안정된 동작이 가능하다는 장점이 있다.

대규모 광양자컴퓨터를 실현하기 위해서는 가능한 한 단순한 구조가 좋기 때문에, 최종적으로는 이 두 가지 방식의 장점을 합친 계산 처리 방법이 나오지 않을까 생각한다.

또한, 같은 종류의 계산을 반복하는 경우는 빔 스플리터의 투과율을 바꿀 필요가 없기 때문에 처음 개발한 방식이 더 적합하고, 여러 가지 계산 처리를 수행하는 경우는 다케다 조교수가 짜낸 방식이 적합할 것이다. 따라서 풀고자 하는 문제의 종류에 따라 나눠서 사용하는 것도 생각할 수 있다.

루프형 광양자컴퓨터의 강점을 정리하면 크게 세 가지가 있다. ①1개의 광로상에서 일렬로 배열된 광펄스를 사용하는 방법을 살리면서, 루프 안에서 광펄스를 계속 순환시킴으로써 하나의 양자텔레포테이션 회로를 무제한으로 사용 가능하여, 어떠한 대규모 계산이라도 실행할 수 있다. ②구성 요소가 1블럭의 양자텔레포테이션 회로와 루프 구조만으로, 최소한의 광학 부품만 필요하다. ③양자텔레포테이션 회로의 기능 전환 패턴을 적절하게 설계하면 모든 광펄스를 사용해서 낭비 없이 효율적인 순서로, 모든 계산이 실행 가능하다.

따라서 광양자컴퓨터의 대규모화와 그에 필요한 자원이나 비용을 큰 폭으로 감소시킬 수 있다.

미래에는 이 루프형 광양자컴퓨터가 여러 가지 양자알고리즘이나 시뮬레이션을 실행하기 위한 표준 플랫폼이 될 것이라 생각한다. 실용할 수 있는 단계까지 대규모화가 가능한 광양자컴퓨터의 디자인을 추구한 끝에 만들어낸 궁극의 광

루프형 광양자컴퓨터

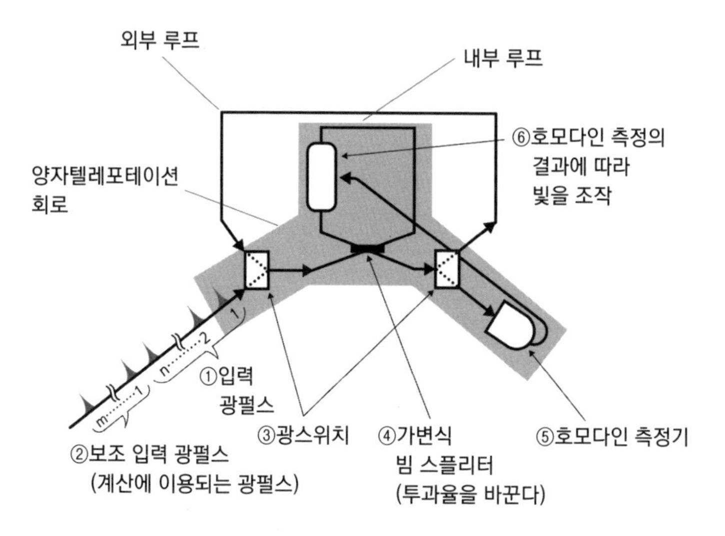

입력 광펄스(①)와 계산 기능을 가진 '보조 입력'이라고 불리는 광펄스(②)를 등간격으로 넣어가며 광스위치(③)로 빛이 나가는 방향을 바꿔서 '외부 루프'를 돌게 한다.

예를 들어, 입력 광펄스 1을 가변식 빔 스플리터(④)의 투과율을 바꿔서 내부 루프에 넣음으로써 돌아가게 한 후, '외부 루프'를 돌고 있는 보조 입력 1과 가변식 빔 스플리터에서 만나게 해 양자얽힘 상태를 만든다.

양자얽힘 상태가 된 입력 광펄스 1과 보조 입력 1은 한쪽은 내부 루프를 향하고, 다른 한쪽은 호모다인 측정기(⑤)로 측정되어, 그 결과를 토대로 내부 루프를 돌고 있는 빛을 조작함으로써 계산을 수행한다(⑥).

계산 결과는 또다시 다음 보조 입력 2, 3, …, m까지, 같은 순서로 계속 양자얽힘을 만들어감으로써 방대한 계산을 해나간다.

자료제공: Furusawa Laboratory

양자컴퓨터 방식이라고 할 수 있다.

이 두 가지 시간영역다중 양자계산방식에 의한 양자컴퓨터는 빠른 시일 내 원리 검증을 목표로 연구 개발을 진행 중이다.

이제 시야에 들어온 광양자컴퓨터의 완성

앞으로, 먼저 대형 광양자컴퓨터의 실현을 목표로 하겠지만, 광양자컴퓨터 개발의 최종 목표는 광칩화이다. 이를 통해서 모바일 기기에 탑재할 수도 있을 것이다. 이는 20년 후에 실현하는 것을 목표로 하고 있다.

또한, 양자계산 처리를 실현한 단계에서 이를 네트워크화함으로써 광양자통신으로 발전시켜나가고 싶다. 미래에는 광양자컴퓨터가 실현되어서, 슈퍼슈퍼컴퓨터네트워크가 실현되지 않을까 기대하고 있다. 이것이 나의 궁극적인 목표이다.

이례적인
연구 방침

마지막으로, 내가 약 20년에 걸쳐서 연구 성과를 계속 내올 수 있었던 비결을 소개하겠다.

지금까지의 연구 생활을 뒤돌아보면, 광양자컴퓨터 연구란 난이도가 어렵고 상당한 엄밀함을 요구하는 기술 개발의 축적이었다. 하고 싶은 실험이나 해야만 하는 실험을 이루기 위해서 해온 일은, 약 90퍼센트가 실험 장치에 관한 기술 개발이었고 나머지 약 10퍼센트가 실험 결과의 확인이나 검증이었다.

우리 연구실에서는 오랜 기간 동안 언제나 5개 정도의 연구 개발을 동시에 병행해왔다. 연구실에 속해 있는 약 20명의 스태프, 학생 각각이 서로 다른 주제를 가지고, 석사 과정에서 박사 과정을 마칠 때까지의 약 5년간 각자가 성과를 내서 박사 논문을 쓸 수 있게끔 지도하고 있다.

실험실에는 5개의 광학 테이블을 설치해두었고 각각 다른 주제에 활용되고 있다. 각각의 광학 테이블을 논에 비교하면, 모를 심는 시기를 1년씩 다르게 해서 매년 어느 광학 테이블에서건 수확하고 있는 이미지이다. 모내기부터 수확까지는 약 5년이지만, 보통의 논과 다르게, 키우고 있는 작물은 각각 다르다. 따라서 항상 5년 뒤를 내다보고 그를 위해 필요한 기술 개발을 진행하고 있다. 이것이 성과를 계속 낼 수 있는 이유이다.

또한, 한 테이블에서 얻은 결과는 다른 테이블에도 환원되기 때문에 전체적인 향상을 꾀할 수 있다. 역으로, 하나의 테이블에서 개발이 늦어져 다른 테이블에도 영향을 끼치는 경우도 있다.

학생들은 모두 매우 우수하며, 게임을 하듯이 매일 즐기면서, 말 그대로 먹고 자는 것을 잊을 정도로 연구 개발에 몰두하고 있다. 나 자신도 이러한 최고의 환경을 제공할 수 있다는 것을 매우 기쁘게 생각한다.

바꿔 말하면, 내 역할은 학생에게 얼마나 재미있는 장난감을 제공할 수 있는가라고 생각한다. 그리고 이에 성공했다면 그다음은 학생을 방해하지 않는 것이 내 방침이다. 몰입해서 즐기고 있는 학생을 방해하는 것만큼 아둔한 일은 없다. 그래서 학생이 실험할 때 살피러 가서 이것저것 지시하거나 정기적인 미팅을 하는 일은 일절 없다. 이런 연구실은 일본에서는 흔치 않을 것이다.

이런 생각에 다다른 계기는 캘테크에서의 유학 경험이

다. 일본에서는 이를 악물고, 미간에 주름을 만들며, 진지한 눈빛으로 일이나 연구를 하는 사람이 더욱 높게 평가된다. 하지만 미국에서는 모두 즐거운 일밖에 하지 않는다. 이 자세를 철저하게 유지한다. 심지어, 큰 성과를 내고 있는 사람은 모두 많이 놀기도 하며 인생을 즐기고 있다. 고통스러운 가운데 연구를 하고 있는 사람이 큰 성과를 내거나, 하물며 이노베이션을 일으키는 일은 결코 없다. 이 사실을 미국에서 배웠다.

나는 학생 시절부터 윈드서핑을 취미로 하고 있는데, 미국 유학 이후는 캘리포니아의 해변에서 윈드서핑을 즐기는 감각으로 매일 연구를 하고 있고, 학생들도 그랬으면 좋겠다고 기원하고 있다. 원래 연구란 재미있어서 한다는 것이 대전제이며, 즐겁다고 생각하는 일 이외에는 하지 말아야 한다. 따라서 재미있다고 생각하는 일은 철저하게 하면 되고, 재미없다고 생각된다면 바로 그만두는 편이 낫다.

나 스스로 이 생각을 관철해온 끝에 지금이 있는 것이며, 앞으로도 이렇게 나아갈 것이다. 나에게 있어서는 연구도 윈드서핑도 같은 위치에 있다.

덧붙여서, 나는 청개구리 같은 성격으로 언제나 남들이 가지 않는 길을 선택해왔다고 생각한다. 유행은 반드시 언젠가는 끝나고, 사람이 많이 모이는 장소에서는 언제나 과도한 경쟁에 휘말린다. 호흡이 긴 일을 하고 싶다면 유행을 쫓지 말고, 나만의 길을 걷는 것이 핵심이다.

하지만 그로 인해, 사람에 따라서는 고독이나 불안을 느끼는 경우도 있을 것이다. 바로 그렇게 때문에 자신이 마음 깊숙이 즐겁다고 생각하는 일을 하는 것이 중요하다. 몰입해서 즐기고 있다면 고독이나 불안에 시달릴 일은 없다. 그리고 어느 날 문득, 커다란 성과를 낼 수 있을 것이다.

또한 내 경우는 우연히 연구도 윈드서핑도 '파동'을 상대하고 있는데, 예를 들어 실험 중에 파동함수 등의 계산식을 떠올리면 안 된다. 윈드서핑과 같이, 빛의 파동과 하나가 됨으로써 처음으로 빛을 조종할 수 있게 된다. '이 빛은 이쪽 방향으로 가고 싶겠군' 하면서 빛의 기분을 느끼는 것이다. 거꾸로, 빛과 하나가 되어 빛의 기분을 알지 않는 한, 실험에 성공하기는 어렵다. 이런 의미에서, 나에게 있어서 과학이란 최고의 스포츠라고 할 수도 있다.

하나 더, 연구 프로젝트의 리더는 비용 대비 효과가 높은 예산 사용법을 언제나 생각해야 한다. 이 점에서 나의 철학은 명확하다. 학생에게 투자한다는 것이다. 내 경우, 대부분 어처구니없는 일을 생각해내는데, 이를 학생에게 실현시키기 위해 유학을 보낸다. 학생에게 "이 돈으로 3개월간 유학을 다녀와라" 하며 수행을 보내면 반드시 변해서 돌아오기 때문이다. 그로 인해 이전보다 몇십 배, 몇백 배의 성과를 내주기 때문에 투자 효율이 매우 좋다.

결국, 가장 가치가 있는 자원은 인재이다. 대학교수는 결국 유령기업의 경영자 같은 것이다. 자금 관리도 하고 걸레질도 한다. 회사를 운영해나가는 데 있어서 중요한 능력은 '무엇에 투자를 하면 가장 투자 효율이 좋을까'를 알아내는 것이다. 그 점에서 '학생에게 투자하면 실패하지 않는다'라는 것을 매일 실감하고 있다.

양자컴퓨터가 가져올 미래 사회

양자컴퓨터가 실현된다면 어떠한 사회가 도래한다고 생각하느냐는 질문을 자주 받는데, 그에 대한 대답은 불가능하다. 왜냐하면 이 질문은 인터넷이 실용화되기 전에 '인터넷이 보급된다면 어떤 사회가 도래할까'라고 질문하는 것과 같기 때문이다.

실제로, 인터넷은 원래 미국 국방고등연구계획국DARPA이 군사적 목적으로 개발한 것으로, 인터넷의 전신인 ARPANET Advanced Research Project Agency NETwork는 캘리포니아 주립대학교 로스앤젤레스, 캘리포니아 주립대학교 산타바버라, 유타대학교, 스탠퍼드대학교의 4개 학교에서 통신을 한 것이 시작이었다. 그들은 당시 현재와 같은 사회가 올 것이라고는 꿈에도 생각지 못했을 것이다. GPS도 같다.

예를 들어, 트랜지스터를 발명한 벨 연구소 사람들이 트랜지스터를 사용해서 처음으로 만든 것은 보청기였다고 한다. 당시, 진공관으로 만들어진 커다란 증폭기를 반도체로 교체함으로써 엄청난 소형·경량화가 가능해졌다. 이를 살리고자 보청기에 응용한 것이다. 하지만 시장이 작아서 거의 팔리지 않았다고 한다.

단, 패키지화해서 사회에 유통시킨 것은 커다란 의의가 있었다. 그로 인해 트랜지스터를 본 사람이 '이건 라디오에 사용할 수 있지 않을까'라고 생각함으로써 트랜지스터라디오의 탄생으로 연결되고, 더 나아가 컴퓨터의 고성능화에도 연결되었기 때문이다.

발견이나 발명이 사회에 어떻게 받아들여지고 이용될지는 그 시대의 사람들만이 알 수 있다. 이노베이션은 한 사람이 연구실에 들어앉아 고민한다고 해서 결코 일으킬 수 있는 것이 아니다. 세계의 다양한 사람들 간의 화학 반응을 통해서 우연히 만들어지는 것이 아닐까.

양자컴퓨터도 마찬가지로, 발명한 사람이나 개발한 사람의 역할은 이를 패키지화해서 널리 일반 사람들이 사용할 수 있게 하는 것이다. 그 후에 그것이 어떻게 이용·활용될지는, 그것을 손에 넣은 세계 각국의 사람들의 지혜와 직감, 아이디어에 맡기면 된다고 생각한다. 내 목표는 하루라도 빨리 광양자컴퓨터를 실현하고 패키지화해서 세상에 내보내는 것이다.

마치며

양자컴퓨터의 연구 개발이 과학기술 분야에 초래한 것은, 양자 상태를 인공적으로 만들고 더 나아가 이를 조작하기 위한 기술의 발전이다.

양자역학은 생각하면 생각할수록 기묘하다. 하지만 현재까지의 실험 결과로 인해, 지금까지 그 이론은 모순 없이 뒷받침되어왔다. 앞으로 양자컴퓨터의 연구 개발을 통해서 양자 상태를 더욱 간단하게 제어할 수 있게 되면, 양자의 세계를 더 깊이 이해할 수 있을 것이다.

또한, 양자역학과 정보과학이라는 2개의 학문 분야가 어우러져 양자정보과학이라는 새로운 학문 분야가 탄생했다. 양자정보과학은 양자우주론 등도 포함하고 있어, 현재 블랙홀의 유래를 설명하려는 움직임까지 진행되고 있다. 요즘 블랙홀은 양자정보과학 없이는 논할 수 없는 상황이다.

양자역학이나 양자정보과학, 양자우주론 등의 학문에 있어서, 양자컴퓨터는 아주 좁은 영역에 위치한 결과물의 하나에 지나지 않는다고 볼 수도 있다. 단, 만에 하나 양자컴퓨터가 실현되지 못한다고 하더라도, 새로운 학문 분야가 발전하고 그로 인해 미지의 분야가 새로 열려나간다면 그것은 그것대로 커다란 의의가 있다. 실제로 과학은 계속 이렇게 발전되어왔다.

나 자신도 양자컴퓨터를 개발하는 과정에서, 다자간 양자얽힘에 관한 이론 등 수많은 새로운 양자역학의 이론을 구축해왔다. 다자간 양자얽힘에 관한 이론은 양자정보과학이나 양자우주론에서도 주목하고 있다. 우리가 실험을 수행하기 위한 필요로 인해 구축한 이론이었지만, 이것이 다른 분야에 영향을 미치고 있다는 사실은 매우 흥미롭다.

2008년에 '자발적 대칭성의 파괴'의 연구 성과로 노벨 물리학상을 수상한 난부 료이치로南部 陽一郎 박사도 초전도 이론을 소입자 이론에 응용한 것과 같이, 어떤 특정 분야의 연구 성과가 다른 분야의 문제 해결에 사용되는 예는 과거에도 많이 있다.

나도 양자컴퓨터의 연구 개발을 통해서 과학의 발전에 기여할 수 있다면 좋겠다.

2019년 1월 11일

후루사와 아키라

옮긴이의 글

양자컴퓨터란 양자역학의 법칙을 십분 활용하여 기존의 컴퓨터(고전컴퓨터)보다 훨씬 뛰어난 성능을 가진 미래의 컴퓨터이다. 양자컴퓨터를 고전컴퓨터와 구분 짓는 가장 중요한 개념 두 가지는 양자중첩superposition과 양자얽힘entanglement이다. 양자컴퓨터의 기본 연산 단위를 양자비트라고 부른다. 고전컴퓨터의 비트는 0과 1 둘 중 하나의 값만을 취할 수 있는 반면, 양자컴퓨터의 양자비트는 0이면서 동시에 1인 상태를 가질 수 있다. 이를 양자중첩이라 부른다. 이러한 양자중첩을 이용하면 0인 상태와 1인 상태인 경우를 동시에 병렬 연산할 수 있어, 고전컴퓨터보다 뛰어난 성능을 가질 수 있다. 양자얽힘은 2개 혹은 여러 개의 양자비트가 있을 때, 한 양자비트의 상태를 측정하면 다른 양자비트의 상태를 알 수 있는, 즉 여러 양자비트의 상태가 서로 '얽혀 있는' 것을 뜻한다. 양자얽힘 상태에 있는 양자비트의 수가 많으면 많을수록 더 많은 연산을 동시에 처리할 수 있다. 즉, 양자컴퓨터의 실현을 위해서는 양자비트의 양자중첩과 양자얽힘을 먼저 실현해야만 한다.

옮긴이가 학생이던 시절부터 '양자컴퓨터'는 차세대 컴퓨터로서 주목을 받았다. 1980대에 이론적으로 제시된 이후 지난 40여 년 동안 양자컴퓨터는 잡힐 듯 잡히지 않는 대상이었으나, 최근 10여 년 사이에 눈부신 도약이 있었다. 구글, IBM, 마이크로소프트 등 굵직한 글로벌 대기업은 물론 여러 벤처 기업들까지, 양자컴퓨터 개발을 내세우는 기업들도 많이 생겨났다. 그중 일부 기업들은 원격으로 자신들의 양자컴퓨터를 이용할 수 있는 상용 서비스를 제공하기 시작했다. 누구나 무료 혹은 유료로 수 양자비트의 양자컴퓨터에 접속할 수 있는 것이다. 학문적으로는 특정 계산에 대하여 양자 우월성이 증명되고 흥미로운 양자상quantum phase을 찾아내는 등, 이제는 양자컴퓨팅의 단순한 입증을 넘어서서 실제로 고전컴퓨터로는 하기 힘든 재미있고 어려운 계산을 풀어내고 있다. 바로 지금이 양자컴퓨팅 분야의 개화기라고 할 수 있을 것이다.

현재 양자컴퓨터는 다양한 플랫폼에서 연구 개발이 진행 중이다. 바야흐로 양자컴퓨터의 '춘추전국시대'이다. 초전도 물질, 극저온 원자, 이온, 빛(광자) 등 다양한 후보들이 저마다의 장단점을 가지고 장래 상용 양자컴퓨팅 시스템이 되고자 힘겨루기를 하고 있다. 이 책에서는 그중에서 빛을 이용한 양자컴퓨터 연구 개발을 소개한다. 광자는 빛의 속도로 이동한다는 성질을 살려서 양자통신 분야에서 주목을 받고 있으나,

정보를 처리하고 저장하는 양자컴퓨터의 플랫폼으로서는 다른 경쟁자들보다 주목을 덜 받아왔다. 하지만 지은이는 극저온에서만 작동하는 다른 플랫폼과 달리 상온에서 작동시킬 수 있는 빛만이 궁극적으로 상용 양자컴퓨터를 만들 수 있다 믿고, 빛이 가진 장점을 최대한 살려서 연구를 진행하고 있다.

지은이는 빛을 이용하여 양자텔레포테이션과 양자얽힘에 성공한 본인의 연구를 소개한다. 양자텔레포테이션이란 양자얽힘을 이용하여 한 장소에서 다른 장소로 양자정보를 전송하는 현상으로, 양자통신의 핵심 기술이다. 지은이는 2개의 양자비트의 양자얽힘 상태를 이용한 양자텔레포테이션뿐만 아니라, 다수의 양자비트(광자)가 얽혀 있는 슈뢰딩거의 고양이 상태의 양자텔레포테이션에도 성공했다. 또한, 광펄스를 양자비트로 채택하여 시간 차원을 이용함으로써 100만 개 양자비트의 얽힘 상태 구현에도 성공했다. 이는 초전도물질이나 이온 등을 이용한 양자컴퓨터가 수십에서 수백 개의 양자비트를 다루고 있는 것과 비교했을 때 매우 획기적인 숫자이다. 아직 각각의 양자비트를 임의로 제어하기 위한 많은 연구 개발이 필요하지만, 발상의 전환을 통하여 양자컴퓨터의 양자비트 개수를 획기적으로 늘릴 수 있는 방법으로, 유명한 과학 저널인 《사이언스Science》에도 소개되었다.

지은이는 이것이 일본 국내에서 자체적으로 이루어진 일이라는 점을 강조한다. 미국과 유럽이 주도권을 쥐고 있는 초전도 물질, 이온, 극저온 원자 시스템과는 달리, 이 연구는 아이디어 개발에서부터 실제 구현까지 모두 일본에서 처음으로 실현되었다. 글로벌 시대에 국내에서 자체적으로 개발했다는 사실이 뭐 그리 중요한가 생각할 수도 있겠으나, 기업들이 양자컴퓨터 사업에 뛰어들면서 이미 많은 관련 기술들이 특허 등으로 묶이고 있는 상황을 생각하면 그리 평화롭게 생각할 수만은 없다. 양자 기술은 사회 전반에 걸쳐 정보가 더욱더 중요시되고 있는 현대사회에서 많은 양의 정보를 더 효율적으로 생성·처리·저장·전달하는 차세대 핵심 기술이다. 따라서 많은 나라에서 이를 선점하기 위해 천문학적인 인적·물적 자원을 들이고 있다.

우리나라에서도 양자 기술을 국가 핵심 기술로 선정하고 전폭적으로 지원하고 있으며, 현재 국내 유수 대학 및 연구기관에서 양자컴퓨팅 연구를 활발히 진행 중이다. 아직까지는 어떤 양자 플랫폼이 미래의 상용 양자컴퓨터를 구성할지 예측하기 어렵다. 따라서 오픈된 마인드로 다양한 플랫폼에 대한 연구를 진행하며, 그 과정에서 얻은 지식을 축적해나가야 한다. 조만간 우리나라가 양자 기술의 주도권을 잡고 미래 사회에 공헌할 날을 기대한다.

빛의 양자컴퓨터

초판 1쇄 펴낸날	2021년 8월 4일
초판 2쇄 펴낸날	2023년 8월 21일
지은이	후루사와 아키라
옮긴이	채은미
펴낸이	한성봉
편집	최창문·이종석·오시경·이동현·김선형·전유경
콘텐츠제작	안상준
디자인	권선우·최세정
마케팅	박신용·오주형·강은혜·박민지·이예지
경영지원	국지연·송인경
펴낸곳	도서출판 동아시아
등록	1998년 3월 5일 제1998-000243호
주소	서울시 중구 퇴계로30길 15-8 [필동1가 26] 2층
페이스북	www.facebook.com/dongasiabooks
인스타그램	www.instagram.com/dongasiabook
블로그	blog.naver.com/dongasiabook
전자우편	dongasiabook@naver.com
전화	02) 757-9724, 5
팩스	02) 757-9726
ISBN	978-89-6262-381-9 03420

※ 잘못된 책은 구입하신 서점에서 바꿔드립니다.

만든 사람들

편집	안상준
디자인	최세정